创新2050：科学技术与中国的未来

科技革命与中国的现代化

关于中国面向2050年科技发展战略的思考

中国科学院

科学出版社

北 京

内 容 简 介

本报告面向2050年中国实现现代化的宏伟愿景，从历史和未来走向的视角，分析了科技发展的演进和规律，阐释了科技对现代化建设的决定性作用，做出当今世界正处在科技创新突破和新科技革命前夜的战略判断，提出中国必须为新科技革命的到来做好准备。在系统分析中国现代化进程不同阶段对科技发展需求的基础上，提出了以科技创新为支撑的八大经济社会基础和战略体系的整体构想，并从中国国情出发设计了支撑八大体系建设的科技发展路线图，凝练出影响我国现代化进程全局的战略性科技问题，并提出了走中国特色科技创新道路的系统政策建议。

本报告可作为政府部门、科研机构、大学、企业进行科技战略决策的重要参考，可供国内外专家、学者研究和参考。

图书在版编目（CIP）数据

科技革命与中国的现代化：关于中国面向2050年科技发展战略的思考/中国科学院编著.—北京：科学出版社，2009.5（2020.7重印）

创新2050：科学技术与中国的未来

ISBN 978-7-03-024077-4

I. 科⋯ II. 中⋯ III. 科学技术−路线图−研究报告−中国 IV. G322

中国版本图书馆CIP数据核字(2009)第073582号

责任编辑：林　鹏　李　敏／责任校对：郑金红
责任印制：肖　兴／封面设计：黄华斌

科 学 出 版 社 出版
北京东黄城根北街16号
邮政编码：100717
http://www.sciencep.com

中国科学院印刷厂 印刷
科学出版社发行　各地新华书店经销

*

2009年5月第　一　版　　开本：889×1194 1/16
2020年7月第五次印刷　　印张：10 1/4
字数：135 000

定价：168.00元
（如有印装质量问题，我社负责调换）

"创新2050：科学技术与中国的未来"战略研究组织

总负责

路甬祥

战略总体组

路甬祥　白春礼　施尔畏　方　新　李志刚　曹效业　潘教峰

总报告起草组

曹效业　潘教峰　张　凤　张柏春　赵兰香

"中国至2050年重要领域科技发展路线图"研究专家

（按姓氏笔画排列）

丁永建	于　东	于　渌	于仁诚	于英杰	于建荣
于贵瑞	于海斌	万宝年	马　丽	马凤山	马廷灿
马光辉	马建文	马晓微	马隆龙	王　凡	王　文
王　宇	王　赤	王　铮	王　琛	王　毅	王飞跃
王天然	王东晓	王成金	王会军	王志峰	王金霞
王建宇	王树东	王家骐	王海霞	王跃林	王道文
王献红	方创琳	方守贤	邓　勇	邓向东	邓宗武
艾国祥	龙丽娟	包信和	冯新斌	卢　柯	卢从明
史忠植	匡廷云	邢志忠	邢桂方	邢雪荣	巩馥洲
曲久辉	曲乐庆	任红轩	刘　力	刘　缨	刘卫东
刘公社	刘文兆	刘光鼎	刘志勇	刘志恒	刘国彬
刘建明	刘昌明	刘彦随	刘振兴	刘桂菊	刘海涛
刘润球	刘新厚	刘瑞玉	吕　龙	吕达仁	朱永官
朱健强	朱道本	庄绪亮	江东亮	江桂斌	汤章城
许洪华	毕献武	阮康成	孙　兵	孙　松	孙　波
孙　威	孙丽琳	孙恢礼	杨　辉	杨　新	杨长春
杨永辉	杨兆萍	杨红生	杨国桢	杨根庆	杨桂山
李　平	李　宇	李　寅	李　淼	李小森	李风华
李会泉	李传荣	李延梅	李国杰	李国敏	李建刚
李春来	李振声	李浩然	李铁刚	李惕碚	李超伦
严　庆	严　俊	严陆光	苏荣辉	吴　东	吴　季
吴一戎	吴创之	吴时国	吴国江	吴家睿	吴德馨
肖立业	肖伟刚	肖贤明	何天白	佘之祥	余颖琳
宋　宏	宋献方	冷伏海	汪寿阳	汪集暘	沈前华
沈竞康	张　军	张　旭	张　乾	张　偲	张　薇

张　懿	张小雷	张双南	张文生	张亚平	张纪峰
张佳宝	张国范	张学军	张林秀	张雨东	张爱民
张捷斌	张新时	张鹏杰	陆大道	陈　东	陈　田
陈　勇	陈　雁	陈　曦	陈小龙	陈立东	陈亚宁
陈志明	陈运法	陈凯先	陈和生	陈述彭	陈润生
邵明安	卓　彦	武向平	范　英	林光辉	林其谁
林祥棣	林惠民	欧阳自远	易　洪	罗宏杰	罗晓容
季路成	金　铎	金凤君	周少平	周名江	周向宇
周江宁	郑军伟	郑厚植	封松林	赵　彤	赵宏武
赵其国	赵国屏	赵景柱	赵黛青	郝天珧	胡文瑞
胡志勇	胡春胜	胡敦欣	胡超群	胡瑞忠	相里斌
相建海	钟元元	段子渊	段恩奎	侯一筠	侯自强
侯西勇	侯建国	侯保荣	施　平	施浒立	施蕴渝
姜晓明	姜景山	娄治平	洪茂椿	秦　松	秦　波
秦大河	秦蕴珊	袁东亮	袁志明	袁志彬	袁建霞
袁振宏	桂建芳	夏　军	夏　斌	顾行发	顾逸东
倪福弟	徐　健	徐　涛	徐至展	徐志伟	徐志刚
徐洪杰	栾锡武	高　峰	高　福	高小山	高立志
高柳滨	高鸿钧	郭　雷	郭光灿	郭华东	郭爱克
郭敬辉	陶岸君	黄　朋	黄宁生	黄伟光	黄宏文
黄季焜	黄明斌	黄河清	黄金川	盛六四	崔胜辉
章祥荪	阎永廉	彭　辉	董锁成	韩　华	韩　靖
韩兴国	韩怡卓	傅小兰	曾志刚	谢　毅	虞孝感
路惠民	解思深	赫荣乔	蔡伟平	蔡国田	裴端卿
谭　红	谭宗颖	谭若兵	熊　燕	熊永兰	翟明国
樊　杰	颜　文	潘　锋	薛钦昭	薛群基	戴　宁
戴松元	魏一鸣	魏宝文			

评议和审议专家

（按姓氏笔画排列）

丁仲礼	干福熹	王占国	王志珍	王庭大	王恩哥
邓麦村	孔　力	方　新	叶大年	田　静	白春礼
朱道本	江绵恒	阴和俊	苏肇冰	杨　乐	杨国桢
杨胜利	李　定	李文华	李志刚	李家洋	李振声
李静海	何　岩	张知彬	陈宜瑜	陈晓亚	欧阳自远
胡启恒	相里斌	施尔畏	徐建中	秦蕴珊	曹效业
符淙斌	傅伯杰	路甬祥	詹文龙	潘教峰	谭铁牛
戴汝为					

工　作　组

张　凤　　王文远　　赵兰香　　陶　诚　　肖　利

总　　序[*]

中国的现代化是人类现代化进程中的大事件、大变革。中国科学院决定面向中国现代化进程开展重要领域科技发展路线图研究,这项工作的思路和起因究竟是怎样的?是不是有道理?是不是应该做?我觉得这是很基本、很重要的。

一、开展中国至2050年重要领域科技发展路线图研究的重要性

温家宝总理亲自担任组长,全国两千多位专家直接参加,经过两年多的工作,制定了到2020年的国家中长期科技发展规划纲要。所以,到2020年以前中国科技发展已经有了蓝图。那么,为什么还提出研究我国至2050年重要领域科技发展路线图这样一个问题呢?

2007年夏季,在研究中国科学院未来科技发展战略重点时,我们感到有一些问题必须要从更长远考虑,比如能源问题。能源问题过去也有15年的战略研究,但是主要还是研究如何利用好煤,怎样开发利用好国内外两种油气资源,怎样能够有限地发展核能,对可再生能源只是作为一种补充性的、方向性的能源,并没有将其摆到未来能源支柱的位置上。近年来,世界各国越来越关注温室气体排放问题,应对全球气候变化成为重要议题,这背后其实主要还是能源结构问题。这就使我们认识到,必须高效清洁利用化石能源,以减少对环境的影响,但是,化石能源

---

[*] 该总序为路甬祥院长在2007年10月中国科学院组织的"中国至2050年重要领域科技发展路线图"第一次交流研讨会上的讲话。文字略有删减。

时代终究要过去,悲观估计有100年左右,乐观估计还有200年左右。油气资源可能首先逐步走向枯竭,然后是煤资源。人类不得不走向以可再生能源为主体、核能为补充的能源体系。现在各国政府都在积极准备,欧洲走得最快,美国现在态度也有变化,就是在利用好化石能源的同时,加大对可再生能源的开发力度,加大对先进核能的研究开发力度,逐步向可再生能源方向过渡。这个时间跨度可能50年,也可能100年。由此带来的科学技术问题非常多,譬如在基础研究领域,物理学家、化学家、生命科学家要研究新一代的光电池、染料敏化电池、高效的光化学催化和储存、高效的光合作用物种,或者通过基因工程创造高效的光合作用物种,而且这种生物物种又不与粮油争土地争水分,能够利用坡地、盐碱地或者半干旱土地等生产人类所需要的能源。同时,未来能源的整体结构要发生改变,现在能源是比较稳定的系统,以后可能是大量的不稳定系统,可能要发展分布式能源体系,发展更高效的直流传输和储能技术,解决网络的控制、安全、可靠性问题,还要解决二氧化碳捕捉、储存、转化、利用方面的问题,这里面隐含着大量的科技问题,几乎涉及所有学科。所以,能源问题引起的从基础到应用方面的研究,整体的、结构性的变化和冲击恐怕是很普遍、很大的,而这个时间跨度是50年或者100年。以核能为例,从布局到重大技术突破往往需要20年乃至更长时间,而商业化大规模应用也大致需要20年乃至更长时间。如果我们现在不前瞻布局,未来就会落后。法国已经做到第三代、第四代裂变能核反应堆,制定了到2040年、2050年的路线图。我们还没有认真做。为国家利益着想,中国科学院应该考虑这些问题,应该做前瞻的研究工作。

这次战略研究中涉及的十几个领域,只考虑近期或者中近期是不够的。比如农业,在过去,我们考虑要增产,后来讲优质,主要还是讲粮食和农副产品;在未来,肯定要走生态高值农业之路,需要多样化技术才能满足。日本、丹麦等发达国家开始用畜牧业来做生物反应器和农药,日本开始用植物来做生物反应器,它比用动物来做更安全、成本更低。用无菌暖房种番茄、草莓、马铃薯等典型物种,通过转基因技术来生产高附加值产品。中国农业不仅要解决十几亿人口的粮食问题,也要考虑农副产品的增值问题,考虑农业的高技术发展问题。未来的农业还要生产一部分能源和工业所需要的原料,未来人类生存发展所需要的大量的材料可能从农业来。这些前瞻性的问题,现在一些发达国家已经在做,而我们过去考虑得不够。

还有人口问题。当年中国人口政策的失误要纠正过来,要到21世纪末才有可能回归到10亿左右人口,其带来的老龄化问题则很可能到22世纪才能得到化解。现在人口健康也面临许多新的挑战,我们是否现在就要研究未来50年应该采取的一些对策,13亿或15亿人口怎么能够享受到公平的、基本的公共卫生和医疗保障?必须发展先进的能够普及的健康科学和诊断治疗保健技术。随着社会进步和环境改善,发达国家的主要疾病从感染性疾病逐步转变为变异性疾病、代谢性疾病,研究重点也随之发生转变。很多问题世界上也没有解决,要从基础研究做起。

空天海洋是未来人类新拓展的发展空间和重要资源。在空天领域大家比较关注的有载人航天计划、嫦娥计划,可以做20年或25年。中国的空间技术究竟要走什么道路、什么目标?是不是走发达国家走过的老路?值得我们认真研究。现在空间运载工具的主流技术基本是化学燃料发动机推力火箭,以后的深空探测,是否还依靠化学燃料发动机?还是要发展新的等离子推进、核能推进、太阳风动力推进技术等?过去,这些问题只有少数科学家在想,我们在整体上没有战略性的前瞻研究和部署。海洋有丰富的矿产资源、油气、天然气水合物,还有大量的生物资源、能源,包括无光照条件下生物进化过程,都值得我们去探索。最近有许多国家出台了新的海洋战略规划,俄罗斯、加拿大、美国、瑞典、挪威都已加入争夺北极的行列。这方面我们有一点规划,但是很有限。

在国家与公共安全领域,安全的概念也在发展,包括传统安全与非传统安全,传统安全主要是外族入侵、战争威胁,现在的安全问题有自然原因的、人为原因的、外部的、内部的,还有生态的、环境的,网络发展以后,虚拟的安全问题也出现了。要从人类文明历史的长河角度观察分析矛盾的起因,从科技进步的角度提供解决问题的手段和方法,注重消除危及安全的根源,要在解决矛盾的同时更加珍惜生命。

总之,从面向未来中国的发展、面向未来人类的发展看,都需要我们开展前瞻的战略研究。过去250年工业化的发展,只解决了不到10亿人口的现代化问题,主要集中在欧洲、北美、日本和新加坡。今后50年,可以肯定的是,包括中国十几亿人口在内,至少有20亿、很可能有30亿人口,通过实现小康走向现代化,比过去250年要多2至3倍,这将为世界发展注入新的动力和活力,但也必然对地球的有限资源和生态环境带来新的挑战。需要找到新的发展模式,才能使生活在地球上的人类能够公平地分享现代文明的成果。这就要求我们要面向中国现代化建设进程,前瞻思考世界科技发展大势、前瞻思考人类文明进步的走向、前瞻思考现代化建设对科技的新要求,研究制定未来50年重要领域科技发展路线图,理清其中的核心科学问题和关键技术问题及其实现途径,为国家科技战略决策提供依据。

二、制定中国至2050年重要领域科技发展路线图的可能性

过去有一种观点认为,科学很难预见,它是随机发生的,主要依靠科学家的创造性思维;技术可以预见,但是有人说最多可以预见15年。我们做了一些思考,看来适当地前瞻领域方向还是可能的。比如,需求推动下的能源问题。随着化石能源的枯竭,更多的聪明人就想,要解决高效的太阳能薄膜材料和器件,要筛选或发展新的物种,把太阳能转化为高生物量。因为需求的推动,有更多的资源投入到这些方向,所以可以预见,在未来的50

年,可再生能源领域、核能领域一定会有新的突破性进展,大方向也是确定无疑的。比如,在太阳能方面,就是提高光电转化效率、光热转化效率。但具体技术路径可能有多种,如可能通过改变太阳能电池表面的形貌,经过反射能够更高效地全光谱吸收;可能把功能性薄膜建成多层,有透射有吸收;还有可能采用纳米技术、量子调控等。过去我们考虑量子调控,主要是要解决以后的信息功能材料,这是不够的,是否要有相当一部分量子调控的研究转移到能源问题上来,或者以能源为背景开展基础前沿的探索。

在计算机领域,我们过去的习惯是跟踪,现在我们要有信心前瞻,考虑未来的发展。这是可能的,并不是胡思乱想。要组织信息科技专家与物质科学和生命科学专家共同思考,进行前瞻性的探索。2007年诺贝尔物理学奖授予巨磁阻的发现者,现在这项技术已经用在硬盘存储上了,而这一发现是在20年前做出的。我们的初步结论是,做长周期的前瞻,做突破常规的科学思考和技术预见是可能的,通过战略研究,在长远目标指导下制定路线图也是可行的,比如说,到2020年为一个阶段,到2030年或2035年为一个阶段,然后再前瞻到2050年。

我们还可以分析其他领域,都能找到可能性。最重要的是要解放思想,当然也要尊重客观规律,不能胡思乱想。党的十一届三中全会确定了解放思想、实事求是的思想路线,中国才有今天的发展。我们就是要打破条条框框的束缚,根据中国的实际来探索发展的道路。科技发展的历史也无数次证明,只有不断地前瞻,不断地解放思想,打破已有常规,才有可能促进新的发现和新的突破。确定方向和领域,加大在这方面的支持强度,吸引更多的优秀科学家投入相关研究,这与需求牵引和自由探索并不矛盾。

三、中国科学院开展中国至2050年重要领域科技发展路线图研究的必要性

为什么我们要发起这项研究？中国科学院是国家科研机构，要作基础性、前瞻性、战略性贡献，要发挥骨干和引领作用，不往前思考怎么引领？从中国科学院自身发展来看，也很有必要，要以发展的眼光，站在世界科技发展的前沿，来思考知识创新工程三期以后做什么，是按着惯性走？还是想着国家民族的未来，在各领域提出我们的见解，逐步调整我们的结构，改革体制，把中国科学院创新能力提到一个新的发展阶段，把我们的科学使命、技术使命提到新的高度？显然，后者是积极的、有希望的、必须的。世界科技发展日新月异，在全球经济发展的态势下，如果不发展就会落后，如果不前瞻就会失去先机。我们做科技创新，必须不断地团结奋斗，打破陈规，不受干扰，不僵化，不停滞，这也是我们自身发展的需要。

这次路线图研究要站在国家和全局的角度，使这些战略研究报告成为国家更长远的发展规划的重要内涵，所提出的目标不一定是中国科学院都可以做的，我们不能包打天下。我们可以选择一些有能力做的进行前瞻布局，到时候就很自然地形成2010年以后中国科学院各个领域的发展目标和发展重点，很自然地形成我们改革调整的方向。

如果把长远目标和路线图搞清楚了，实现它还是要有体制机制、人才队伍、资源来源与配置等的保证。我们还要研究未来30~50年世界的创新体系和机制究竟会发生什么变化？是不是还是由大学、研究机构、企业组成？研究所会不会发展成为网格式的结构？基础与高技术融合的前沿研究、前沿研究与产业化迅速过渡与衔接的转化型研究，会不会在某些领域发展成为主流？未来创新体系的人才构成与人才激励机制、更新机制有什么新的发展变化？创新资源的投入来源与结构会有什么变化？如果我们把这些问题搞得比较清楚、比较前瞻，而且大胆地在某

些研究所进行试点，就可能走出一条有竞争力的、有更好发展态势的路子来。

社会的变革是无止境的，科技各领域也有无止境的前沿，创新体制与管理也要不断发展。中国科学院不能停止，必须要前进，科学技术要前瞻，组织结构、人才队伍、管理模式、资源结构也要前瞻，这样我们才能始终站在时代的前沿，不断发挥在国家创新体系中的骨干和引领作用，有些领域在国际上起引领作用也不是不可以设想的。这是我们这次组织科技路线图战略研究基本的出发点。

总 前 言

中国科学院是国家科学思想库，为国家科技战略决策提供科学依据、引领中国科学技术的发展，是我们的重要责任。

2007年7月，路甬祥院长提出："看来在创新为科学发展观落实这一大题目之下，还要深入进行战略研究，刻画出未来20~30年的路线图（Roadmap）和关键科技创新领域来。并组织院内外专家深入讨论，进一步凝聚创新方向和目标。我们再也不能只讲自由探索，只讲论文数量和质量，只满足于'PI制'模式了。必须根据国家社会未来发展需求，尤其是经济持续增长和竞争力提升，社会持续和谐发展，生态环境持续进化和人类社会相协调的重点目标出发进行研究和归纳。"

2007年7月，中国科学院院务会议决定，根据国家社会未来发展需求，从经济持续增长和竞争力提升、社会持续和谐发展、生态环境持续进化与人类社会相协调等三大目标出发，开展面向未来的科技发展路线图战略研究。

2007年8月，路甬祥院长进一步提出："战略研究看来还是要前瞻研究2050年世界、中国、科技。一是研究2050年的世界，分别从经济、社会、国家安全、生态与环境、科学技术进行前瞻，尤其要研究能源、资源、人口、健康、信息、安全、生态与环境、空间、海洋等，预测未来，了解面临的机会和挑战。二是研究未来2050年我国经济社会发展的前景和挑战，包括：经济结构、社会发展、能源结构、人口健康、生态与环境、国家安全、创新能力等应达到的目标和实现途径，科学技术需要给予的支持。三是研究科学发展对科学技术的指导作用，包括以人为本、科学与技术、科技与经济、科技与社会、科技与生态环境、科技与文化、自主创新与开放合作等。四是研究科技对科学发展的支撑作用,包括支撑经济结构优化和增长方式的转变,农业发展、能源结构、资源节约、循环经济、知识社会,人与自然的和谐协调,区域发展的协调,和谐社会和国家安全,国际交流与合作。在此基础上再进一步明确我院的定位和职责。"

其后,中国科学院启动并组织开展了中国至2050年重要领域科技发展路线图战略研究,分18个领域进行,包括:能源、水资源、矿产资源、海洋、油气资源、人口健康、农业、生态与环境、生物质资源、区域发展、空间、信息、先进制造、先进材料、纳米、大科学装置、重大交叉前沿、国家与公共安全。该项研究集中了中国科学院300多位高水平科技、管理和情报专家,其中包括近60名院士,涉及80多个研究所。

经过历时一年多的深入研究,各领域研究组取得了实质性重大进展,基本理清了至2050年中国现代化建设对重要科技领域的战略需求,提出了若干核心科学问题与关键技术问题,从中国国情出发设计了相应的科技发展路线图,形成了18个领域中国至2050年科技发展路线图的战略研究报告。在此基础上,路甬祥院长领导战略总体组和起草组完成了《迎接新科技革命挑战,支持科学与持续发展》的战略研究总报告。这些研究报告将以"《创新2050:科学技术与中国的未来》中国科学院战略研究系列报告"的形式陆续出版。

这次战略研究的鲜明特色是采用了科技路线图的方法。科技路线图研究有别于一般的规划和技术预见,它包含了满足未来发展需求的科学和技术,以及实现这些目标所选择的路径,描绘环境变化、研究需求、科技发展方向、创新轨迹、技术演进等。以路线图为基础的科技规划,科技目标更加清晰,与市场的结合更加紧密,选择的方向、项目间更有内在联系和更加系统,实现目标的途径更加明确,规划的操作性更强。我们借鉴国际上制定路线图的方法,吸纳我国进行科技战略规划的成功经验,在研究实践中形成了制定重要领域科技路线图的系统方法。

一是建立重要领域科技发展路线图战略研究的组织体系。 成立战略总体组,路甬祥院长总负责,白春礼、施尔畏、方新、李志刚、曹效业、潘教峰参加。成立总报告起草组,负责总报告的研究与撰写。规划战略局作为主管部门,具体负责路线图研究的组织与协调,通过组织研究队伍、明确节点目标、提出任务要求、提供研究方法、组织集中研讨、进行独立评议、参与研究工作等方式,保证了重要领域科技发展路线图战略研究工作的顺利开展。

二是明确重要领域科技发展路线图的基本要求。 集中从国家层面考虑问题,分近期(2020年前后)、中期(2030年前后或2035年前后)、长期(2050年前后)三个阶段,描绘相关领域的需求、目标、任务、途径,重点刻画核心科学问题和关键技术问题,总体上体现方向性、战略性、一定的可操作性。提出路线图研究的基本框架。

三是组织好重要领域科技发展路线图战略研究队伍。 建立集战略科技专家、一线中青年专家、情报专家和管理专家为一体的专题研究组持续开展研究。选择具有战略眼光、强烈的责任心和组织协调能力的战略科学家作为研究组负责人,把握好研究的整体和方向。在主要方向上,选择一线高水平科技专家作为骨干,使战略研究工作建构在最前沿研究基础之上。各研究组均配备文献情报专家,采用数据挖掘与分析等战略情报工具,提高研究效率和系统性。参加研究的科技管理专家着重开展国家战略需求和可操作性研究。

四是建立多层次、经常化交流研讨机制。 将交流研讨作为确定研究节点和推动研究工作的抓手。组织开展了五个层次的交流研讨,包括:第一,集中交流研讨。2007年10月、12月和2008年6月组织了三次交流汇报会,18个领域研究组负责人和主要科技专家、中国科学院相关院局领导参加,相互交流、相互促进、寻求共识,进一步明确研究方向。路甬祥院长在三次研讨会上,系统阐释了路线图研究的重要性、必要性和可能性等,并对各研究组的研究工作进行点评,有力地促进了研究工作的深入开展。第二,专题研讨。战略总体组组织相关研究组的战略科技专家,围绕我国八大经济社会基础和战略体系的构建进行专题研讨,着重刻画了至2050年依靠科技支撑我国现代化进程的宏观图景、八大体系的特征与目标,提炼出影响我国现代化进程的22个战略性科技问题。第三,研究组层面的交流研讨。各领域研究组根据具体领域内容又分成若干研究小组,通过集中研讨、分小组研究、综合集成等形式,组织本组专家深入研究。一些研究组在集中研讨时还根据研究主题,吸收相关领域的专家参加研讨。初步统计,研究组层面的集中交流研讨约70次。第四,相关研究组之间交流研讨。采取相关研究组自发组织和规划战略局协调组织等方式,组织跨领域、跨研究组的交叉研讨,使相关领域的研究相互协调。第五,一些研究组以召开领域发展战略研讨会等方式,吸纳国内外专家的意见。

五是建立重要领域科技发展路线图评议机制。为保证各领域战略研究报告的质量,加强相关领域的协调,2008年11月,规划战略局组织了重要科技领域发展路线图战略研究评议工作,近30位评议专家和50位研究组专家参加研讨。评议分资源环境、战略高技术、生物科技和基础研究等4个大组进行,评议专家听取了相关研究组的报告,对报告的总体情况、创新点、存在的问题进行了评议,并提出了许多建设性意见和建议。评议结果形成书面评议意见,反馈给相关研究组修改。

六是建立重要领域科技发展路线图持续研究的机制。从路线图研究的特点看,为适应世界科技和国家需求的迅速变化,需要持续研究,3~5年修订一次。为此,需要从组织和队伍上保持一批战略科技专家持续关注和研究国家长远发展的重点科技领域和重大科技问题；同时,在持续战略研究中,培养和造就更多的战略科技专家。

这套系列报告是中国科学院立足当前、展望未来、凝聚专家智慧的报告,体现了一丝不苟、严谨求实的治学作风。在此,向参与研究和咨询评议的专家表示衷心的感谢。正是他们的辛勤劳动和共同努力,才使得这套系列报告在一年多的时间内就得以公开出版、与社会见面。

准确预见未来发展是一件令人激动而又相当困难的事情。这次战略研究涉及领域众多、时间跨度大、研究方法新,加之认识和判断本身上的局限性,系列报告还存在不足之处,欢迎国内外各方面专家、学者不吝赐教。需要说明的是,报告中提到的未来50年是指到21世纪中叶。

系列报告的出版,不是研究的终点,而是新的起点,我们将在此基础上持续深入开展重要领域科技发展路线图战略研究,并适时发布研究成果,每5年修订一次相关领域科技发展路线图,为国家宏观科技决策提供科学建议,为科技管理部门、科研机构、企业和大学等进行科技战略选择提供参考,使社会和公众更好地了解科技对我国现代化建设至关重要的作用。

总报告起草组

2009年2月

目　　录

总　序

总前言

总　论 ······································ 1

第一章　世界正处在新科技革命的前夜 ············· 7
第一节　现代化进程强烈呼唤新科技革命 ·········· 7
第二节　科技革命发生的先兆与可能方向 ········· 21

第二章　新科技革命是中国实现现代化的历史机遇 ······ 27
第一节　为新科技革命的到来做好充分准备 ········ 27
第二节　中国现代化进程对科技创新的新要求 ······· 38

第三章　中国八大经济社会基础和战略体系 ·········· 45
第一节　可持续能源与资源体系 ················ 45
第二节　先进材料与智能绿色制造体系 ··········· 53
第三节　无所不在的信息网络体系 ··············· 59
第四节　生态高值农业和生物产业体系 ··········· 64
第五节　普惠健康保障体系 ···················· 68

第六节　生态与环境保育发展体系 …………… 73
　　第七节　空天海洋能力新拓展体系 …………… 79
　　第八节　国家与公共安全体系 ………………… 86

第四章　影响中国现代化进程的22个战略性科技问题 … 89

　　第一节　影响中国国际竞争力的6个战略性科技问题 ……… 89
　　第二节　影响中国可持续发展能力的7个战略性科技问题
　　　　　　…………………………………………………… 96
　　第三节　影响国家与公共安全的2个战略性科技问题 ……… 105
　　第四节　可能出现革命性突破的4个基本科学问题 ………… 108
　　第五节　发展迅速的3个综合交叉前沿方向 ……………… 112

第五章　中国特色的科技创新道路 ………………… 115

　　第一节　坚持对外开放，走以我为主、有效利用全球创新资源的道路 ………………………………… 117
　　第二节　坚持以人为本，走立足创新实践凝聚与造就创新创业人才的道路 ……………………………… 123
　　第三节　坚持立足国情，走政府主导与市场基础配置有机结合的道路 ………………………………… 129
　　第四节　坚持深化改革，走国家创新体系各单元分工合作、协同发展的道路 ………………………… 130
　　第五节　坚持统筹协调，走以管理创新促进科技创新的道路 …………………………………………… 134

总　　论

　　科技是人类现代化的发动机，也是应对经济危机的根本手段。这次由美国次贷危机引发的全球金融危机对实体经济的影响已经显现，由此引发全球性经济危机的可能性与日俱增，世界经济格局将发生大调整大变革。历史经验表明，全球性经济危机往往催生重大科技创新突破，依靠科技创新创造新的经济增长点和创新发展模式，是摆脱危机的根本出路。例如，1857年和1929年两次大的世界经济危机之后，分别爆发了电气革命和电子革命两次技术革命高潮。这次金融危机将加速科技创新与进步的步伐，在今后的10～20年，很有可能发生一场新的科技革命。这是对我们的巨大挑战，也是中华民族实现伟大复兴的历史机遇。

　　当前全球金融危机对我国经济发展已造成了很大的冲击与影响，对我国科技工作提出了新的更高的要求，必须通过科技创新，为保增长、扩内需、调结构作出实质性贡献。从根本上看，依靠科技创新调整我国产业结构、创造新的经济增长点和新的发展模式，是化危为机的根本手段。我们必须前瞻思考世界发展大势，统筹谋划我国科技发展战略，理清至2050年影响我国现代化进程的重点领域、重大科学问题、关键核心技术问题及其实现途径，走中国特色自主创新道路，前瞻布局，重点突破，为新科技革命的到来做好准备，有效支持我国的科学发展和可持续发展，建设创新型国家和现代化科技强国。

　　当今世界处在科技创新突破和新科技革命的前夜。科技革命的发生取决于现代化进程强大的需求拉动，源于知识与技术体系创新和突破的革命性驱动。前瞻全球现代化发展大势，包括中国在内的近30亿人口追求小康生活和实现现代化的宏伟历史进程与自然资源供给能力和生态环境承载能力的矛盾日益凸现和尖锐,按照传统的大量耗费不可再生自然资源和破坏生态环境的经济增长方式,或沿袭少数国家以攫取世界资源为手段的发展模式难以为继,必须走科学、协调、可持续发展的道路,这一人类现代化进程的大变革,强烈呼唤科技创新突破和科技革命。从当今世界科技发展的态势看,奠定现代科技基础的重大科学发现基本发生在20世纪上半叶,"科学的沉寂"至今已达六十余年,科技知识体系积累的内在矛盾已经凸现,在物质能量的调控与转换、量子信息调控与传输、生命基因的遗传变异进化与人工合成、脑与认知、地球系统的演化等科学领域,在能源、资源、信息、先进材料、现代农业、人口健康等关系现代化进程的战略领域,一些重要的科学问题和关键技术发生革命性突破的先兆已经显现。

纵观现代化历史进程,近现代社会的每一次重大变革都与科技的革命性突破密切相关,科技革命深刻影响和改变着民族的兴衰、国家的命运。那些抓住科技革命机遇实现腾飞的国家,率先进入现代化行列。近代中国屡次错失科技革命的机遇,从一个世界经济强国沦为一个积贫积弱的国家,饱受列强欺凌。面对全面实现小康社会和现代化建设目标的战略任务,面对可能发生的新科技革命,我国再也不能错失机遇,必须及早准备。

本报告从政治文明、物质文明、社会文明、精神文明、生态文明和对外开放六个方面描绘了我国2050年实现现代化的图景,提出了"以科技创新为支撑的八大经济社会基础和战略体系"的整体构想,并分阶段刻画了八大体系建设的特征和目标。**一是构建我国可持续能源与资源体系**,大幅提高能源与资源利用效率,大力发展战略性资源的大陆架和地球深部勘察与开发,大力发展新能源、可再生能源与新型替代资源。**二是构建我国先进材料与智能绿色制造体系**,加速材料与制造技术绿色化、智能化、可再生循环的进程,促进我国材料与制造业产业结构升级和战略调整,有效保障我国现代化进程材料与装备的供给与高效、清洁、可再生循环利用。**三是构建我国无所不在的信息网络体系**,发展提升智能宽带无线网络、网络超级计算、先进传感与显示和先进可靠软件技术,加快和提升我国信息化进程和水平,消除数字鸿沟,走出一条普惠、可靠、低成本的信息化道路。**四是构建我国生态高值农业和生物产业体系**,促进我国农业产业结构的升级,发展高产、优质、高效、生态农业和相关生物产业,保证粮食与农产品安全。**五是构建满足我国十几亿人口需要的普惠健康保障体系**,推动医学模式由疾病治疗为主向预测、预防为主转变,将当代生命科学前沿与我国传统医学优势相结合,在健康科学方面走到世界前列。**六是构建支撑我国人与自然和谐相处的生态与环境保育发展体系**,系统认知环境演变规律,提升我国生态环境监测、保护、修复能力和应对全球气候变化的能力,提升我国对自然灾害的预测、预报和防灾、减灾能力,不断发展相关技术、方法和手段,提供系统解决方案。**七是构建我国空天海洋能力新拓展体系**,大幅提高我国海洋探测和应用研究能力,海洋资源开发利用能力,空间科学与技术探测能力,对地观测和综合信息应用能力。**八是构建我国国家与公共安全体系**,发展传统与非传统安全防范技术,提高监测、预警和应急反应能力。

围绕这八大体系,本报告规划了相应的至2050年重要领域科技发展路线图,凝练出了影响我国现代化进程的22个战略性科技问题。**一是**影响我国国际竞争力的6个战略性科技问题,包括:"后IP"网络的新原理新技术研究和试验网建设、高品质基础原材料的绿色制备、资源高效清洁循环利用的过程工程、泛在感知信息化制造系统、艾级(10^{18})超级计算技术、农业动植物品种的分子设计。**二是**影响我国可持续发展能力的7个战略性科技问题,包括:中国地下4000m透明计划、新型可再生能源电力系统、深层地热发电技术、新型核能系统、海洋能力拓展计划、干细胞与再生医学、重大慢性病的早期诊断与系统干预。**三是**影响国家与公共安全的2个战略性科技问题,包括:空间态势感知网络、社会计算与平行管理系统。**四是**可能出现革命性突破的4个基本科学问题,包括:暗物质与暗能量的探索、物质结构调控、人造生命和合成生物学、光合作用机理。**五是**发展迅速的3个综合交叉前沿方向,包括:纳米科技、空间科学探测及卫星系列、数学与复杂系统。这些战略性科技问题在我国现行科技规划中尚未部署或部署力度不够,宜用国家行为,发挥集中力量办大事的优势,采用战略性先导科技专项、重大科学研究计划或重大研究领域方向集群等方式组织实施,科学设计、统筹布局、分工协作、持续攻关,力争在科学原理层面取得原创性突破,在关键技术和系统集成层面取得重大变革性创新。

构建八大经济社会基础和战略体系,必须走符合规律和中国特色的科技创新道路,实现从模仿跟踪为主向自主创新的战略性转变。走中国特色的科技创新道路,就是要坚持对外开放,走以我为主、有效利用全球创新资源的道路;坚持以人为本,走立足创新实践凝聚与造就创新创业人才的道路;坚持立足国情,走政府主导与市场基础配置有机结合的道路;坚持深化改革,走国家创新体系各单元分工合作、协同发展的道路;坚持统筹协调,走以管理创新促进科技创新的道路。

1857~1858年的经济危机

1857年的经济危机,在资本主义历史上是第一次具有世界性特点的普遍生产过剩危机。

危机爆发前世界经济高速增长,英国废除《谷物法》带来了自由贸易的思潮,世界市场迅速扩大,世界贸易量急剧增加。英国在1850年后进入了一个长达7年的繁荣期,并带动了其他各国的繁荣。1850~1857年,美国工业和运输业资本额增长迅速,其中约有一半是英国债券和股票。

在丰厚利润的刺激下,信用高度膨胀,投机猖獗。1857年秋季,靠空头支票、出口信贷生存的进出口商首先大批破产,继而银行纷纷倒闭。美国首先爆发货币危机,到9月30日,已有109家行号停止支付,

175家暂时停止支付，贴现率由60%提高到100%，整个银行系统陷于瘫痪，股票市场行市下跌了20%~50%，许多铁路公司的股票跌幅达到80%以上。

美国的货币危机迅速向实体经济蔓延，仅1857年一年就有近5000家企业破产。美国的冶金工业和纺织工业减产20%~30%，铁路建设工程缩减一半，造船量减少四分之三，粮食价格由于受到俄国的冲击，价格更是急剧下跌。由英国提供资金的美国银行、铁路、商业公司纷纷破产，11月12日英国的危机达到它的最高点。随后，危机从英国和美国蔓延到欧洲大陆。1857年12月英国的工业产值下降了一半，纺织工业、冶金工业、煤炭工业都大规模停工、减产，物价急剧回落。法国的生产和贸易缩减情况比英国更严重，铁路建设缩减三分之二以上，丝纺织工业产品价格跌去30%~40%，小麦价格跌落一半。德国也未能幸免，至1857年年底，棉纺织工业产量下降28%，价格直线下降。危机还导致大量工人失业。1857年11月，英国曼彻斯特4.5万名工人中有1万多人失业，1.8万人半失业。

由于英国技术和设备先进，竞争力强，有能力利用危机向外低价倾销，英国工业最先从危机中恢复过来。到1858年下半年，英国出口额已经有了明显增长，随后各国先后摆脱了此次经济危机。

20世纪30年代的世界经济危机

1929~1933年的经济危机是20世纪最为严重的全球性经济危机，又被称为"三十年代经济大萧条"。其爆发的导火线是美国股票的暴跌。1929年10月，纽约证券市场上股市暴跌，开始了历史上一次空前的金融危机。至1933年1月，30种工业股票价格平均降幅达82.8%，20种公用事业股票价格降幅达80.3%，20种铁路股票价格降幅达84.4%。至1933年7月，美国股票市场股价总共消失六分之五。德国的达姆斯塔特和德累斯顿等大银行的破产，引发了信用危机，随后南美和东欧各国银行均陷入困境，美国在1933年爆发银行信用危机，导致1929~1936年金本位制度在全世界的崩溃。1929~1933年，美国破产银行达10706家，占全国银行总数的42.3%。

经济危机使工业生产下降和失业增长达到了空前猛烈的程度。1929~1939年一些国家工业生产总值下降，例如，美国下降55.6%、德国下降52.2%、法国下降36.1%、英国下降32.0%，最低点分别退回到

1905年、1896年、1911年和1897年的水平。危机期间生产资料生产下降尤为剧烈。在危机最低点的1932年,主要工业国生产资料减产43%、消费资料生产减产14.3%。危机导致工业公司利润急剧下降甚至大批破产,失业队伍惊人扩大。1929～1933年,破产企业美国超过14万家、德国约6万家、法国5.7万家、英国3.2万家。失业人数随之迅猛扩大,美国的全失业人数从危机前的150万增至1320万、德国增至700万、英国和法国各约300万。危机使国际贸易急速下降,1933年世界主要工业国贸易总额比1929年缩小三分之二。

经济危机导致农产品生产过剩严重,价格急剧跌落,农业收入大幅度减少。据国际联盟的资料,各国农业收入降低的幅度是:美国56.8%、加拿大54.0%、德国34.0%、阿根廷40.6%、匈牙利44.0%和丹麦68%。

第一章
世界正处在新科技革命的前夜

现代化的历程本质上是科技进步和创新的历史,近现代社会的每一次重大变革都与科技的革命性突破密切相关。科技革命的发生取决于现代化进程强大的需求拉动,源于知识与技术体系的创新和突破。

第一节 现代化进程强烈呼唤新科技革命

现代化进程最早开始于西欧,并不断向全球扩散,至今已经历250余年。文艺复兴、启蒙运动与科学革命,催生了18世纪欧洲的工业革命、政治大革命和宗教改革,从而开启了工业化和现代化进程。

在现代化进程中,两次重大科学革命引发了认识论的革命,进而导致世界观、价值观和发展观的革新,并为技术革命提供新的知识源泉。

第一次科学革命发端于十六七世纪的天文学、物理学和生理学领域,哥白尼的《天体运行论》打破了对于感官直接提示给人们的东西的无限信赖,伽利略的开创性研究促使经验科学走向实验科学,牛顿《自然哲学的数学原理》揭示了物体运动规律与天体运动规律及其同一性,使自然科学从神学中解放出来,确立了与旧的世界图景截然不同的新的力学世界观。牛顿和莱布尼兹创立微积分,为力学和其他学科提供了有力的数学工具与方法，并引发了思维方式的变革。达尔文生物进化论科学解释了物种起源与演化规律，拓展了对竞争与发展的认识，甚至成为社会变革的重要思想基础。经典电磁理论为电气革命奠定了科学基础。

20世纪初发生的以量子力学和相对论为核心的物理学革命，与其后的宇宙大爆炸、DNA双螺旋、板块构造理论、计算机科学等重大科学突破，共同确立了现代科学体系的基本结构。这场科学革命揭示了微观物质世界的基本规律，阐释了时间、空间、物质、能量之间的内在联系，提出了崭新的时空观，展现了科学对生产力发展的巨大推进作用，在很大程度上奠定了现代人生活的基础，对人类社会的未来也产生了深远的影响。发达国家抓住这次科技革命的机遇率先步入知识经济时代，开启了人类社会新一轮的现代化进程。

在现代化进程中，几次技术革命与产业革命交互推进，导致生产力跨越式提升，极大地丰富了社会物质财富，引发经济、社会、军事等领域的广泛变革，成为人类现代化进程的发动机。

18世纪中叶，欧洲发生了以蒸汽机的发明和广泛应用为标志的第一次技术革命，从而突破了自然动力的局限性，实现了大生产和机械化。在技术革命的推动下，第一次工业革命首先在英国发生，机器大工业从棉纺织业逐步发展到采掘、冶金、机器制造、运输部门，形成五大工业体系，英国成为世界上第一个工业化强国。紧随其后，欧洲大陆和美国也先后在19世纪上半叶开始工业化进程，其中法国、德国和美国工业化发展的规模和速度最为突出。第一次工业革命，彻底打破了旧的生产关系，改变了世界格局，开启了人类工业文明的时代。

19世纪30年代以电力技术为标志的第二次技术革命，推动人类社会从蒸汽时代进入电气时代。内燃机和电动机逐步取代蒸汽机，电力、石油、化工等重工业迅速出现和发展，在生产力极大提高的同时，形成了以大量消耗自然资源与化石能源为特征的产业结构，德国、美国等新兴工业国家相继崛起，逐步打破英国的垄断地位,形成了列强竞争的世界格局,对自然资源的占有和市场的争夺甚至掠夺导致世界战事频发。

20世纪40年代以来,以电子技术、航空航天技术、核技术、信息和网络技术为标志的第三次技术革命,使人类从电气时代进入了电子时代。迅速增长的电子产业创造并形成了一批新兴产业,带动了传统产业的升级换代,军事工业和相关产业迅速发展。工业生产率大幅提升,1953~1973年短短20年时间形成的世界工业总产值几乎相当于此前人类工业总产值的总和。美国、德国、法国、英国等主要资本主义国家进入工业化的成熟期。20世纪70年代以来,信息技术、数字网络的广泛应用,促进了现代服务业的快速发展,极大地改变了人类的生产方式和生活方式,加快了全球化的进程,推动着人类社会进入信息时代。生物技术快速发展,促进了医药卫生产业和农业的进步。

前瞻现代化未来图景,更多人追求现代化生活的强烈愿望与自然资源供给能力和生态环境承载能力的矛盾日益凸现和尖锐,这一基本矛盾在很大程度上将决定着人类现代化的方向、范围与进程。

未来50年,包括中国、印度在内的20亿~30亿人将在实现现代化的道路上奋勇前行,大部分发展中国家也会致力于工业化水平的跃升。200多年的工业化仅仅使不到10亿人口实现了现代化,却已经使自然资源和化石能源面临枯竭的威胁,使自然环境遭受巨大破坏。按照传统的破坏性地攫取不可再生自然资源的经济增长方式、沿袭少数国家以集聚世界多数资源为手段的发展模式难以为继,迫切需要人类开发新的资源来源,创新发展模式和发展途径,创建新的生产方式和生活方式。这一需求与矛盾,强烈呼唤着科学和技术的革命性突破,强烈呼唤着科技造福大多数人。人类文明进程需要一场新的科技革命和产业革命。

从科学技术自身发展的规律看,科学技术具有内在的革命性。科学革命和技术革命都是长期知识积累基础上的突变,表现出一定的周期性。

科学革命是科学思想的飞跃,它源于现有理论与科学观察、科学实验的本质冲突,表现为新的科学理论体系的构建。自20世纪下半叶以来,尽管知识呈爆炸增长态势,但基本表现为对现有科学理论的完善和精细化,未能出现可以与上半世纪出现的相对论等六大成就相提并论的理论突破或重大发现。至今"科学的沉寂"已达60余年,同时,科学技术知识体系的内在矛盾凸现。

技术革命是人类生存发展手段的飞跃,源于人类实践经验的升华和科学理论的创造性应用,导致重大工具、手段和方法的创新,表现为人的能力和效率的质的提升。从近现代技术革命发生的周期看,每隔一个世纪左右发生一次技术革命。发生于20世纪30~40年代的第三次技术革命距今已有近80年,其间重大技术创新高潮迭起,重大技术发明转化为工业化生产的时间呈缩短趋势。20世纪70年代以来,科技成果向生产力转化周期更短,信息技术领域的成果转化周期已缩短到几个月。

总体判断,当今世界科技正处在革命性变革的前夜,在21世纪上半叶出现新的科技革命的可能性较大。这次全球性金融危机导致世界经济格局的大调整,这将加快新科技革命的到来。

第一次科学革命

第一次科学革命发生于16世纪中叶到17世纪末。在此之前的很长时期里,亚里士多德传统是西方学者的共同知识基础,其在《物理学》、《力学问题》和《论天》中阐释的自然哲学以及托勒密在此基础上发展的地心说,主导着力学和宇宙论的理论阐释权。到十六七世纪,亚里士多德传统受到了实践和理论研究的严峻挑战。1543年,哥白尼犹豫多年之后,终于在临终前发表《天体运行论》,公布他的新行星运动模型,颠覆了托勒密的地心说。同年,维萨里发表了解剖学著作《人体的结构》,纠正了古罗马医生盖仑对血液循环等的错误解释。

从伽利略到牛顿的力学研究,是第一次科学革命的主线。抛射体运动、单摆运动、建筑物的稳定性、行星运动等在实践中产生的问题,与亚里士多德传统解释产生了尖锐矛盾,成为具有挑战意义的研究对象。意大利人伽利略开创了实验研究方法,并将实验与数学方法相结合,在单摆、落体、抛射体等运动规律方面做出了开创性发现。他于1609年率先用望远镜进行天文观测。开普勒利用第谷·布拉赫所取得的精确观测记录,提出了行星运动定律。巧合的是,就在伽利略去世的1642年,牛顿出生了。牛顿总结了物体运动定律和万有引力定律,即在1687年发表的《自然哲学的数学原理》中实现了经典力学的理论综合,为近代科学大厦建立起可靠的基本结构。

第一次科学革命引发了17~19世纪主要学科的革命性发展,建立了完整的近代科学体系。

——17世纪笛卡儿创建解析几何,牛顿和莱布尼兹创立微积分。此后,分析成为数学的主流,建立起多门分支,但在理论上尚不够严谨。直到19世纪数学分析才逐步形成严谨的逻辑体系,比如,法国人柯西用极限严格定义了函数的连续、导数和积分,德国人魏尔斯特拉斯为数学分析奠定了严格的基础,德国人黎曼在代数函数论、微分几何、解析数论、位势理论等领域的工作为数学作出了巨大贡献。法国数学家以康托创立的集合论作为数学分析的基础,伽罗华等创建群论,黎曼发展非欧几何学,德国人希尔伯特改进公理方法。

——在经典力学不断完善的同时,物理学在光学、热力学和电磁学领域取得了新的重大突破。胡克和惠更斯分别提出光的波动说,为法国人傅科的实验所证实。英国人托马斯·杨发现光的干涉定律,法国工程师菲涅耳从数学上给出了证明。法国人卡诺从研究蒸汽机的效率入手提出了热机原理。伏达发明电堆和电池,向认识电世界迈出了重要的一步。奥斯特发现的电流磁效应、法国人安培发现的电流产生磁力的定律及英国人法拉第发现的电磁感应定律,为电机的发明奠定了基础。英国人麦克斯韦用一组数学方程概括出全部电磁现象,其预言电磁波的存在及电磁波以光速传播,得到了德国人赫兹的实验证实。至此,电学、磁学和光学就联系起来了。迈尔等十几位欧洲科学家各自独立地发现了能量守恒原理,揭示了热、力学、电、化学等各种运动形式之间的统一性,使物理学达到空前的综合。

——18世纪化学从炼金术中解脱出来,进入真正的科学研究时代,并在其后发生了一场革命。通过实验,拉瓦锡发现燃烧实际上是氧化过程,他以新的燃烧理论取代了燃素说。在法国大革命爆发的1789年,拉瓦锡出版了他的《化学基本教程》,其中的元素表将33种元素分为四类。1803年,英国人道尔顿提出化学原子论,用原子概念阐明元素、单质、化合物等概念,为经验性的化学定律做出了理论解释。1811年,意大利物理学家阿伏伽德罗提出了分子概念,经过半个世纪的争论,分子概念才被化学家们认同。原子-分子论奠定了化学的理论基础,为其后的有机化合物的结构理论、有机分析和有机合成的发展开辟了道路。俄国化学家门捷列夫和德国化学家迈尔于1869年先后独立提出了化学元素周期律,为研究元素、寻找新元素、探索新材料指示了方向。

——17世纪显微镜的发明为认识微观世界提供了利器,马尔比基、胡克、列文虎克等用显微镜观察细胞、微生物等。18世纪瑞典人林耐等的工作建立了生物分类学,19世纪生物学发展为一个完整的学科体系,其中最重要的成就是进化论。法国人拉马克首先提出生物进化说,半个世纪后,英国人达尔文在1859年出版的《物种起源》中系统阐述了生物进化论。基于生物学的实验研究,德国人魏斯曼发展了达尔文学说。19世纪另一个重要成就是细胞学说。随着显微镜技术和实验科学的发展,科学家对细胞的观察取得新成果,导致德国人施莱登和施旺在1838~1839年提出细胞理论。

第一次科学革命构建了新的世界观和方法论,科学成为独立的社会建制。

哥白尼、伽利略等创建的新的科学理论与当时占统治地位的教会信条之间发生了激烈冲突,作为最高权威的基督教世界观在根本上受到了质疑,以至于教会对任何挑战亚里士多德传统的发现都非常敏感。1600年,布鲁诺为捍卫哥白尼学说而被烧死。1633年,声誉甚高的伽利略受到教会审判,并被判终身监禁。然而,科学并未因教会的反对而停止其前进的步伐。达尔文生物进化论战胜神创论,得到人们的普遍承认,并对生物学以及哲学、社会科学、宗教也产生了深远的影响。在第一次科学革命实践中,培根所强调的以实验为基础的归纳法及笛卡儿所总结的推理方法成为科学界通行至今的方法论。意大利佛罗伦萨科学社、英国皇家学会、法兰西皇家科学院、德国柏林科学院的建立标志着近代科学成为一种社会建制,由此演化成了英美传统和欧洲大陆传统两种类型的国家科研机构,前者如英国皇家学会和美国科学院等,后者如法国科学院、俄罗斯科学院、德国威廉皇帝学会(后为马普学会)、中国科学院、法国国家科研中心等。

第二次科学革命

第二次科学革命是指20世纪初以相对论和量子论为主要标志的自然科学理论根本变革。

19世纪末,面对经典物理学的巍然大厦,一般认为未来的物理学无非是做些修修补补的工作,而实际上当时物理学正潜伏着危机。1900年,英国人开尔文勋爵提到在物理学大厦的上空还飘着"两朵不祥的乌云":一朵是黑体辐射问题中面临的"紫外灾难";一朵是有关以太漂移实验的失败结果。

黑体辐射问题是19世纪末物理学的一个热点,1896年,德国人维恩推导出一个热体能量分布定律,遗憾的是在低频部分与实验结果相差很大。1900年,英国人瑞利修正了维恩的热体能量分布定律,使其低频部分与实验结果相吻合,但在高频部分与实验存在趋势性偏差。因为高频部分偏向光谱的紫端,因此这种不符被称为"紫外灾难"。同年12月,普朗克在德国物理学会所作的报告中提出"能量子"或"量子"概念,这成为20世纪科学革命的第一声惊雷,催生了现代物理学的第一块基石"量子论"。其革命性在于它把能量的不连续性引入了物理学,并且在之后渗透到几乎所有的微观领域。1905年,爱因斯坦提出了"光量子"概念,完美解释了光电效应问题。1911年,玻尔把量子论运用到原子模型理论,其氢原子的量子化轨道理论与实验结果完美一致。1923~1924年,德布罗意提出了物质波假说,并推广到一切实物粒子。1925年,德国人海森堡在玻恩、约尔丹的帮助下创建了矩阵力学,不久英国人狄拉克予以完善。1926年,奥地利的薛定谔在德布罗意的基础上创建了波动力学。不久,薛定谔证明矩阵力学与波动力学在数学上是等价的。量子力学深刻影响了人类的自然观,极大促进了原子物理、固体物理和原子核物理的发展,成为研究原子、分子、固体以及原子核结构和运动规律的有力工具,并为半导体技术和原子能技术的产生奠定了理论基础。

以太漂移实验,是指19世纪末科学家认为宇宙间充满着传播光的媒介"以太",美国科学家迈克尔逊和莫雷设计了一个证明以太存在的实验。高精度的实验得到的结果是以太速度为零,或者说光速是常数——这与经典物理学的相对性原理水火不容。1905年,爱因斯坦发表了《论动体的电动力学》,提出了狭义相对论。根据狭义相对论,可得出许多令人惊奇的结果,但不管它多么有悖常理,一百多年来的实验证明它是正确的。狭义相对论深刻揭示了运动与时间、空间的统一性。之后经过

10年的探索，1915年底，爱因斯坦完成了广义相对论，揭示了四维时空与物质的统一性。相对论的完成，奠定了现代科学的另一块基石，它使我们对时空与宇宙的本质有了崭新的认识。爱因斯坦晚年专注于统一场的研究，尽管没有成功，但他常以德国作家莱辛的话自勉："追求真理比占有真理更可贵。"

1929年，美国天文学家哈勃提出了著名的哈勃定律，即星系退离太阳系的速率与其距离成正比。在广义相对论和哈勃定律的基础上，现代宇宙学蓬勃兴起，其中最著名的是20世纪40年代伽莫夫提出的宇宙大爆炸学说。1964年，美国的射电天文学家彭齐亚斯和威尔逊发现了宇宙背景辐射，为宇宙大爆炸理论提供了重要依据。

在微观粒子领域，1932年，英国物理学家查德威克发现了中子，中子不带电，可以作为轰击原子核的理想"炮弹"。同年美国的安德森发现了狄拉克曾经预言过的正电子。40年代，人们发现了汤川秀树预言的介子。50年代，人们又发现了泡利预言的中微子。在基本粒子弱相互作用的研究中，1956年，李政道和杨振宁提出了弱相互作用下的宇称不守恒定律，这很快就被吴健雄的实验所证实。1964年，盖尔曼提出了强子结构的夸克模型。1968年，温伯格和萨拉姆独立发展了弱电相互作用理论，统一了电磁相互作用和弱相互作用。

20世纪也是生物学大发展的时代。1900年，3位不同国籍的科学家不约而同地发现了埋没达35年之久的孟德尔的工作，从此开辟了一门新的学科——遗传学。后来，孟德尔遗传理论中遗传因子在美国摩尔根学派的研究中找到归宿。DNA双螺旋分子结构的发现是20世纪生物学的最大进展，它的发现与遗传学、细胞学和化学的发展密切相关。当时有3个科研团队都在紧锣密鼓地从事DNA晶体结构的研究，最后美国人沃森和英国人克里克共同在1953年提出了DNA的双螺旋分子结构模型。这标志着分子生物学的诞生。

大陆固定的观点在19世纪末的地质学中占统治地位。1912年，德国地质学家魏格纳提出了大陆漂移假说，并在1915年作了系统阐述。他认为目前的大陆和海洋是由古生代的泛大陆分裂、漂移而形成的，并且给出了证据。但是，大陆漂移说未能对漂移动力机制作出令人信服的解释。20世纪60年代，海底扩张说进一步支持了大陆漂移说。后来，法国的勒皮雄提出的"板块运动模式"才对大陆如何发生漂移给出了科学合理的解释。从大陆漂移说到板块构造说，这是地质学理论的重大革命。

20世纪的数学研究体现在3个方面：纯粹数学趋于抽象化和统一性，应用数学空前发展，数学与计算机紧密结合。在19世纪群论发展的基础上，20世纪上半叶抽象代数学大发展，法国布尔巴基学派提出了一般的数学结构观点，1931年，荷兰数学家范德瓦尔登的《近世代数学》成了数学结构化的第一个范本。到20世纪下半叶数学各分支的界限开始变得模糊，并且数学与其他领域的互动逐渐加强，产生了数学物理、生物数学、数理经济学等交叉学科。图灵的可计算性理论、申农的开关代数、冯·诺依曼的计算机体系结构，使电子计算机成为现实，从而为人类进入信息时代奠定了科学基础。

20世纪的科学革命不仅深刻揭示了微观粒子、宏观宇宙、生命世界的本质和规律，而且引起世界观和科学活动的根本转变，反映了人类认识自然的新飞跃。同时，科学研究的模式也在发生着变化。科学家越来越融入科学共同体的团队之中，国际的交流也日益增强，"大科学"的模式日益凸现。人们强烈感受到科学在人类文明进步中所起到的革命性力量。

第一次技术革命

第一次技术革命是指18世纪中叶从英国开始的、与工业革命伴生的根本性的技术变革，以蒸汽机的发明与应用及机器作业代替手工劳动为主要标志。这次技术革命主要表现在五个方面。

一是纺织业中机器的发明和应用。1733年，凯伊发明织布用的飞梭，使织布机效率提高1倍，由此引起了一系列的纺纱和织布机械的发明和应用。1764年，哈格里夫斯发明了珍妮纺织机；1768年，阿克莱特制造了水力滚筒纺织机；1779年，克伦普顿制造了走锭精纺机；1785年，卡特赖特发明了自动织布机，提高效率几十倍。随着纺织工业的技术创新与机械化，寻找能够代替畜力、风力和水力等自然力的机械动力成为一个急需解决的重大技术问题。

二是蒸汽动力技术的发明和改进。蒸汽机的最初产生首先是为了解决矿井排水的问题。到17世纪，煤炭已经成为英国重要的燃料来源，而矿井排水问题成为制约煤炭产量的主要因素。1698年，萨弗里发明蒸汽抽水机，经过纽科门等的进一步改进，初步解决了煤炭开采中的排水难题。1769年，瓦特对纽科门的蒸汽机进行了重大改进，克服了纽科门蒸汽机体积大、耗煤量高、热效率低的缺陷。1781年，瓦特发明了旋转式蒸汽机，由此，蒸汽机从排水工具成为"万能动力机"。蒸汽机终于使人们将燃料转化为动力，突破了自然力的局限，为纺织机等提供了强大动力。

三是生产各类机器的机械制造业的形成。18世纪末,随着各种工厂的建立,迫切需要有大量生产蒸汽机、纺织机械的工作母机。1797年,莫斯利发明了机械制造业的关键设备螺纹丝杠车床,直接带动了大型机器加工厂的出现。其后,出现了惠特沃思等一批杰出的机床设计师和制造家,一系列的发明和创新促进了近代机床的发展与完善,各种机器、工具遂被制造出来,为近代工业生产的机械化奠定了基础。

四是铁和钢冶炼技术的发展。机器制造业的兴起需要越来越多铁和钢,推动了冶炼技术的快速发展。1709年,达比采用焦炭代替木炭炼铁,使冶铁业摆脱了森林资源的制约。1760年,罗布克改进了炼铁鼓风技术。1783~1784年,科特发明了搅炼法和碾压法,炼出了熟铁和钢。这些新发明使铁产量显著增长。在炼钢方面也有所突破,1740年,亨茨曼首次采用坩埚炼钢法生产铸钢件。

五是轮船和火车的发明。1807年,美国人富尔顿发明了蒸汽机驱动的轮船,导致近代水上运输方式的变革。蒸汽机被装上了陆上的车辆,导致火车的发明。1825年,斯蒂芬森建造了第一条实用的铁路,开创了铁路运输的时代。

从18世纪末到19世纪初,蒸汽机技术与煤炭、采矿冶金、机械制造、纺织、运输等领域技术互动,形成了全新的技术体系。这些技术的广泛应用是工业革命最具有决定性的因素。这次技术革命导致了生产力的飞跃,确立了资本主义的生产方式,使西欧由农业社会进入工业社会。

第二次技术革命

第二次技术革命是指始于19世纪30年代的电力与电器、内燃机、炼钢、石油和新交通工具等技术的突破性变革,以电力技术和内燃机的发明为主要标志。

一是电力与电器的发展。基于电磁感应定律等电磁学成就,科学家和工程师发明了各种电机。1832年,皮克希发明了第一台永磁直流发电机。1866年,西门子发明了自激式直流发电机,为建造大容量电机提供了技术上的可能。1870年,格拉姆制成了第一台能够真正产生连续电流的实用直流发电机。1873年,西门子公司又发明了鼓状电枢,使发电机达到了更高的效率。爱迪生在1879年发明真空碳丝灯,1880年制造出110V自激直流发电机。1882年,爱迪生电气照明公司在纽约建立了世界上第一座直流发电厂，安装了6台发电机，每台能点亮1500个15W的灯泡，标志着第一个民用电照明系统的诞生。为了解决直流电远距离高压电传输和居民低压电使用的矛盾，相继研制出交流电机和变压器。1886年，特斯拉制造出二相电动机。1889年，俄国人多布罗沃利斯基先后发明了鼠笼式三相异步电动机、三相变换器，提出了三相制。1891年，三相交流发电机、三相异步电动机以及变压器均投入使用，标志着电机发展的新阶段。随着供电方式的创新，电力技术迅速推广，出现了一系列崭新的技术领域，如电解、电镀、电热、电冶、电声、电光源等，形成了以电力技术为核心的技术体系。

在电力技术发展的同时，电报、电话、无线电、电视等技术相继问世。1836年，美国人莫尔斯制作了最早的有线电报机。1876年，美国人贝尔发明了电话。1896年，意大利人马可尼发明无线电，5年后，马可尼跨越大西洋无线电报收发成功。1904年，英国人弗莱明发明电子真空二极管。1907年，美国人福雷斯特发明电子真空三极管，初步解决了电信号放大的问题。1916年，美国人康拉德建立了无线电台，到1930年已经形成了全球性的无线电广播系统。光电显像管、磁控管、调速管和行波管等器件相继发明，为电视、雷达和微波通信的出现与发展奠定了基础。

二是内燃机的发明和应用。1862年，法国人德罗夏提出了一种制造高效率内燃机的操作循环理论，为内燃机的发展奠定了理论基础。1876年，德国人奥托制成了四冲程煤气内燃机，其意义如同瓦特改进蒸汽机一样重大。1883年，德国人戴姆勒造出第一台汽油内燃机。1898年，德国人狄塞尔研制出柴油机。内燃机直接促成戴姆勒发明实用汽车和莱特兄弟制成可操纵动力的飞机。20世纪初，美国福特公司发展了流水线制造技术，使汽车成为大众的代步和运输工具。内燃机取代蒸汽机，在汽车、拖拉机、飞机、轮船、工程机械、战车等领域一统天下。随着内燃机及其应用的大发展，石油和天然气逐步成为世界的主要能源。

三是材料技术的发展。机器制造和铁路刺激了钢铁技术的突破。1856年，英国人贝塞麦发明了转炉炼钢法。转炉炼钢冶炼过程快、能耗低，迅速得到推广。1856~1864年，德国人西门子和法国人马丁发明了非常经济的平炉炼钢法。19世纪下半叶钢产量突飞猛进，世界粗钢产量从1870年的51万t提高到1900年的2783万t。1882年，英国人哈德菲尔德研制成锰钢，标志着合金钢发展史上的一个里程碑。1886年，美国人霍尔发明电解炼铝法。19世纪末，钢筋混凝土大显身手，开启了建筑史上的新纪元。继之而来的是高分子材料的不断突破。1907年，美国人贝克兰合成了塑料——酚醛树脂。1908年，德国人施陶丁格发明了甲基橡胶，1912年，便投入工业生产。

第二次技术革命创造了电力与电器、汽车、石油化工等一大批新兴产业,极大地提升了机械、冶金等产业的水平与规模,将工业社会由机械化带入电气时代,就业结构和人类生活方式发生了巨大变化。西欧和美国等国家不仅成为工业化强国,而且向亚洲和拉美地区扩张,工业文明成为世界发展的主流。

第三次技术革命

第三次技术革命约始于20世纪30~40年代,第二次世界大战后新技术革命高潮迭起,表现出多元突破与综合的态势,其主要标志是电子技术、计算机、信息网络技术的发展,同时,核能技术、航天技术、新材料、生物技术等领域也出现了重大突破。

电子技术与计算机的发明,拉开了第三次技术革命的大幕。由于第二次世界大战的需要,美国于1946年研制成功世界上第一台电子计算机——ENIAC。迄今计算机经历了第一代(1946~1959年)电子管计算机、第二代(1959~1964年)晶体管计算机、第三代(1964~70年代初)集成电路计算机、第四代(70年代初~)大规模和超大规模集成电路计算机等阶段。20世纪80年代以来,人们开始对人工智能、生物、集成光路和量子等计算机进行探索。

计算机技术的发展直接得益于晶体管与集成电路等技术的发明。1948年,美国人巴丁等发明晶体管,其独特的工作原理使电子电路集成化和信息表达数字化成为可能。1950年和1956年,晶体管电视机和晶体管计算机相继问世。1958年和1959年,美国人基尔比和诺伊斯各自独立制成了集成电路。此后,集成电路从小规模集成向中规模、大规模、超大规模发展,集成度每18个月增长1倍,同时成本减半,正接近半导体物理极限。

互联网的出现是信息技术的又一次重要的飞跃。1969年前后,美国在4所大学之间建立阿帕网(ARPANET),这是计算机互联网的开端。20世纪80年代初,随着个人计算机的普及,对计算机的互联互通提出了极大的需求,促进了互联网的发展。1993年,美国率先提出了"信息高速公路"计划,引起了许多国家的关注和响应,引发了人们工作、学习、购物和生活方式的革命性变化。目前,互联网正向"后IP时代"过渡。

第二次世界大战前夕,科学家通过实验发现了中子和链式裂变反应,推算出铀核裂变能产生巨大的能量。德国、英国、美国、苏联政府先后组织研究铀裂变及其军事应用。美国总统罗斯福在1941年批准了原子弹制造计划——曼哈顿工程。1942年，费米等科学家在美国建造成第一座反应堆。1945年，美国制成3颗原子弹。原子弹、氢弹等核武器的发展深刻影响了战后世界政治格局。核反应堆用于建造核电站，为人类提供了一种新能源。同位素与辐射技术在工业、农业、医学、科学研究、资源、环境和公共安全等领域得到越来越广泛的应用。

继航空进入喷气时代之后，航天技术开始崛起。1957年，苏联成功发射第一颗人造地球卫星，宣告了航天时代的到来。1961年，苏联成功实现载人航天飞行，人类首次进入太空。1969年，美国成功实施"阿波罗"登月计划，使人类向太空的探索迈出了一大步。1971年，苏联首次将空间站送入太空。1981年，美国航天飞机试飞成功，标志着宇航运输的开始。美国1977年发射的"旅行者2号"经过三十多年的长途跋涉，于2008年到达太阳系边缘。1993年，美国历时20年、耗资200亿美元建成了全球定位系统（GPS）。航天技术在通信、导航、遥感等民用方面得到广泛应用，为人类利用太空提供了手段。

20世纪20年代末以来，镍钢、铝合金、钛合金等多种优质合金大量问世。30年代起，橡胶、塑料、化学纤维等高分子合成材料发展迅速，新型陶瓷、半导体材料、玻璃、水泥等无机非金属材料不断绽放异彩。50年代以来，稀有金属冶炼、复合材料研究都有很大进展。比较重大的标志事件如1935年美国杜邦公司研制成尼龙66，同年美国、德国开始生产聚氯乙烯塑料。高分子材料不断取代天然材料，扮演着越来越重要的角色。60年代合成橡胶产量超过了天然橡胶。按体积计算，塑料产量在70年代接近木材和水泥产量，80年代初进而超过了钢材。新材料的突破使人类实现了从天然材料、人工材料到创造新材料的跨越，为第三次技术革命奠定了物质基础。

在这次技术革命中，除了上述技术外，先进制造技术、生物技术、海洋工程等都取得了不同程度的突破。第三次技术革命极大地提升了各个产业的技术水平，世界产业结构发生了重大变化，以第三产业为代表的新兴产业高速发展，更具意义的是人的部分脑力为机器所替代，推动人类社会进入到全球化、知识化、信息化、网络化的新时代。一批发达国家步入后工业化时代，另一批国家依靠技术创新进入新兴工业化国家行列，以中国、印度为代表的若干发展中国家在现代化道路上加速前行，世界格局正在发生着深刻变化，有别于工业文明的新型人类文明形态正在孕育和形成之中。

世界现代化进程

现代化是18世纪工业革命以来人类文明的一种深刻变化，是现代文明的形成、发展、转型和国际互动的复合过程，它既发生在先行国家，也存在于后进国家追赶世界先进水平的过程中。从18~21世纪末，世界现代化进程可以分为两个阶段：第一次现代化是从农业社会向工业社会、农业经济向工业经济的转型过程，是以工业化、城市化、市场化、民主化为典型特征的经典现代化；第二次现代化是从工业社会向知识社会、从工业经济向知识经济的转型过程，是以知识化、信息化、全球化、生态化为典型特征的新型现代化。2005年，世界上大约有24个国家全面完成了第一次现代化，并进入第二次现代化，它们的人口总数约9.3亿（见下表）。

表　2005年世界上24个国家的现代化水平

国　家	人口（百万）	第一次现代化实现程度(%)	第二次现代化指数
美　国	296	100	109
瑞　典	9	100	105
丹　麦	5	100	102
日　本	128	100	102
挪　威	5	100	101
芬　兰	5	100	101
澳大利亚	20	100	98
瑞　士	7	100	95
荷　兰	16	100	93
德　国	82	100	93
比利时	10	100	92
韩　国	48	100	92
法　国	61	100	92
加拿大	32	100	91
英　国	60	100	91
新西兰	4	100	91
奥地利	8	100	89
新加坡	4	100	88
以色列	7	100	84
爱尔兰	4	100	81
西班牙	43	100	78
意大利	59	100	78
葡萄牙	11	100	68
匈牙利	10	100	65

资料来源：中国现代化战略研究课题组等.2009.中国现代化报告2009.北京：北京大学出版社

第二节 科技革命发生的先兆与可能方向

准确预见科技革命何时发生、在哪些领域发生是困难的,但也并非完全无迹可寻,它源于现代化进程导致的经济社会发展方式的转型与面临的严峻挑战,源于科技知识体系内在矛盾的演进与突破。

——在能源与资源领域,人类必然从根本上转变无节制耗用化石能源和自然资源的发展方式,迎来后化石能源时代和资源高效、可循环利用时代。这就要求在一些基本的科学技术问题上取得突破。例如,质能转化及其本质,光能转化与光合作用的机理,可再生能源的存储、稳定、高效分布式利用系统,高效制氢与存储技术,地球系统及其演化,深部地球和大陆架资源成因及探矿原理,不可再生资源的高效、清洁和可循环利用,水资源的可再生性维持机理及高效利用,生物资源及仿生资源科学等。

——在信息领域,无论是集成电路、磁盘存储器、高性能计算机还是互联网,几乎所有现有的信息技术到2020年前后都会遇到难以继续发展的重大障碍,呼唤信息科学原始性突破和信息技术革命性突破。例如,新的网络理论,超级网络计算新结构,网络安全与智能管理,人机交互,语言文字图像识别、转换与合成,虚拟现实,海量数据挖掘与管理,光电子、光子、量子计算等新一代计算技术,自旋电子器件等量子器件,集计算、存储、通信于一体的新一代芯片技术。

——在先进材料领域,未来材料科学与技术的重要突破可能发生在:材料组织结构与性能关系,极端条件下材料性能演化规律和机理,材料实时原位宏量的分析测试与表征;材料制备过程的精确设计并控制,新型能源信息和生物材料、纳米材料、仿生材料,高智能多级结构复合材料,结构功能一体化材料;材料的全寿命成本及其控制技术,材料绿色制备和低成本高效循环再利用技术,材料近终型连续加工技术,材料器件一体化技术,智能可控加工技术等。

——在农业领域，农业必然进入生态高效可持续的时代，不仅将继续发挥其保障食物安全和国民经济发展等传统功能，还将担负起缓解全球能源危机、提供多样化需求和优良生态环境等新使命。这就要求在一些基本的问题上取得突破。例如，生物多样性演化过程及其机理，高效抗逆、生态农业育种科学基础与方法，营养、土壤、水、光、温与植物相互作用的机理和控制方法，耕地可持续利用科学基础，全球变化农业响应，食品结构合理演化等。

——在人口健康领域，本世纪中叶，全球人口可能达到90亿，人类必须控制人口增长，提高人口质量，保证食品、生命和生态安全，攻克影响健康的重大疾病，将预防关口前移，走一条低成本普惠的健康道路。这就要求在一些基本的科学技术问题上取得突破。例如，营养、环境、行为对生理与心理健康的影响，基因的遗传、变异与作用机理，疾病早期预测诊断与干预的科学基础，干细胞与再生医学，生殖健康与早期诊断及修复，老年退行病的延缓和治疗的科学基础。

——一些重要的基本科学问题孕育着重大的突破。在宇宙演化方面，对暗物质、暗能量、反物质的探测，将使人类极大地深化乃至从根本上改变对宇宙的认识。在物质结构方面，人类正在进入"调控时代"，可能实现对构成物质的原子、分子甚至电子的调控，进而在光/电/热高效转化、光合作用、光催化，能量储存与传输，信息储存、传输与处理等领域产生新的突破，有理由期待由此会导致一场新的技术革命和产业革命高潮，从而将会给人类社会带来巨大的影响。在生命起源与进化方面，合成生物学的出现打开了从非生命的化学物质向人造生命转化的大门，为探索生命起源和进化开辟了把生命看做一个复杂动态系统、从整体论的角度进行解读的崭新途径，将可能导致生命科学和生物技术的重大突破，对人口健康、生物经济和资源环保等领域前沿产生革命性的影响。意识的本质是当代最具挑战性的基本科学问题，一旦突破将极大深化人类对自身和自然的认识，引起信息与智能科学技术新的革命,对人类社会产生的影响是难以估量的。

上述领域中任何一个领域的突破性原始科学创新,都会为新的科学体系建立打开空间,引发新的科学革命。上述领域中任何一个领域的重大技术突破,都有可能引发新的产业革命,为世界经济增长注入新的活力,引发新的社会变革,加速现代化和可持续发展的进程。

后化石能源时代

能源是人类社会赖以生存和发展的重要物质基础。纵观人类社会发展历史,每一次主要能源的更替都推动了人类文明的重大进步。人类开发与利用能源历史悠久,经历了传统可再生能源和薪柴时期、煤炭时期和石油时期三个不同阶段,将进入新能源与可再生能源为主的新时期——后化石能源时代。

随着煤炭、石油等化石能源逐步枯竭和大量消耗所带来的环境污染日趋严重,人类开始逐步向多元化能源结构过渡,研究开发与利用核能、太阳能、风能、生物质能、地热能、海洋能等,这些能源将逐步补充、代替化石能源,成为后化石能源时代重要的能源。

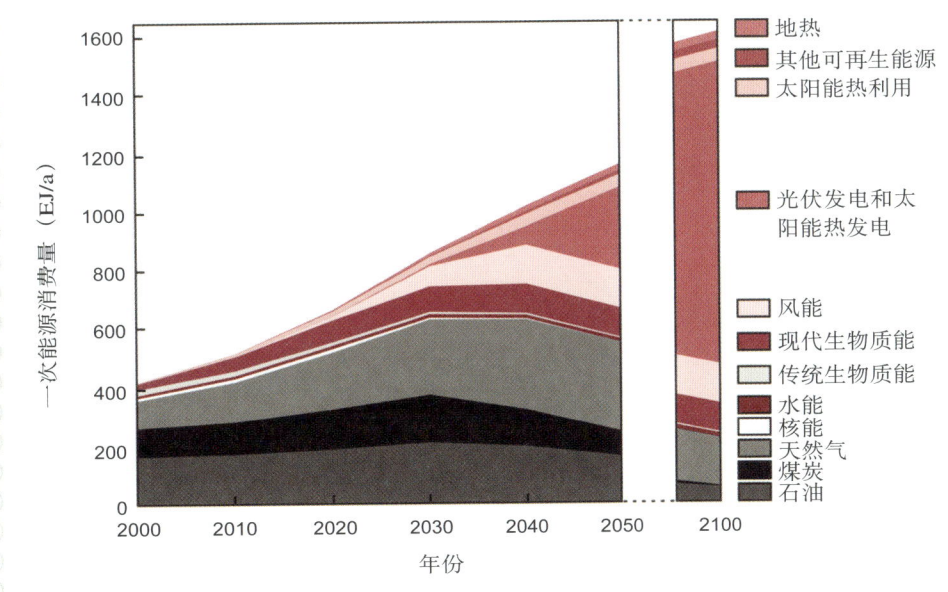

资料来源:German Advisory Council on Global Change. 2004.World in Transition:Towards Sustainable Energy Systems. Earthscan.London and Sterling,VA

世界信息科技正在发生深刻的跃变

信息科技正在进入全民普及阶段,信息技术惠及大众将成为未来几十年的主旋律。信息服务产业的可持续发展越来越得到重视。今后10~15年,微纳电子技术发展将延续、扩展和跨越摩尔定律:(1)延续摩尔定律,即继续缩小CMOS器件的工艺特征尺寸,提高集成度,发展系统芯片(SoC);(2)扩展摩尔定律,即不一味追求缩小特征尺寸,而是通过系统封装(SiP)等方法实现功能多样化;(3)超越CMOS,即探索新原理、新结构和新材料,向纳米器件方向发展,如自旋电子、单电子、量子、分子器件等。信息世界正在转型为人类社会–信息空间(cyberspace)-物理世界组成的三元世界,信息技术从主要用于模拟物理世界扩展到物化(embodiment)嵌入物理世界,人机交互已发展到芯片植入人体;计算开始成为交叉与汇聚科学的纽带,21世纪上半叶将兴起一场以高性能计算和数字仿真为纽带的信息科学革命,信息科学与其他科学的交织(very fabric)将形成新的科学形式。

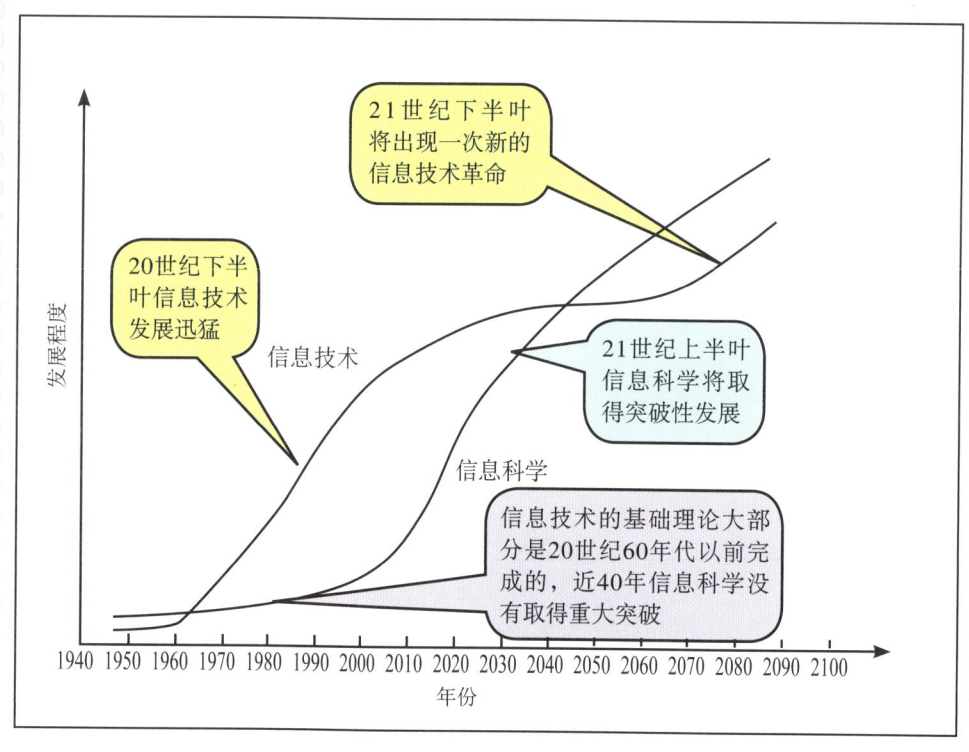

信息科学与技术的长期发展态势

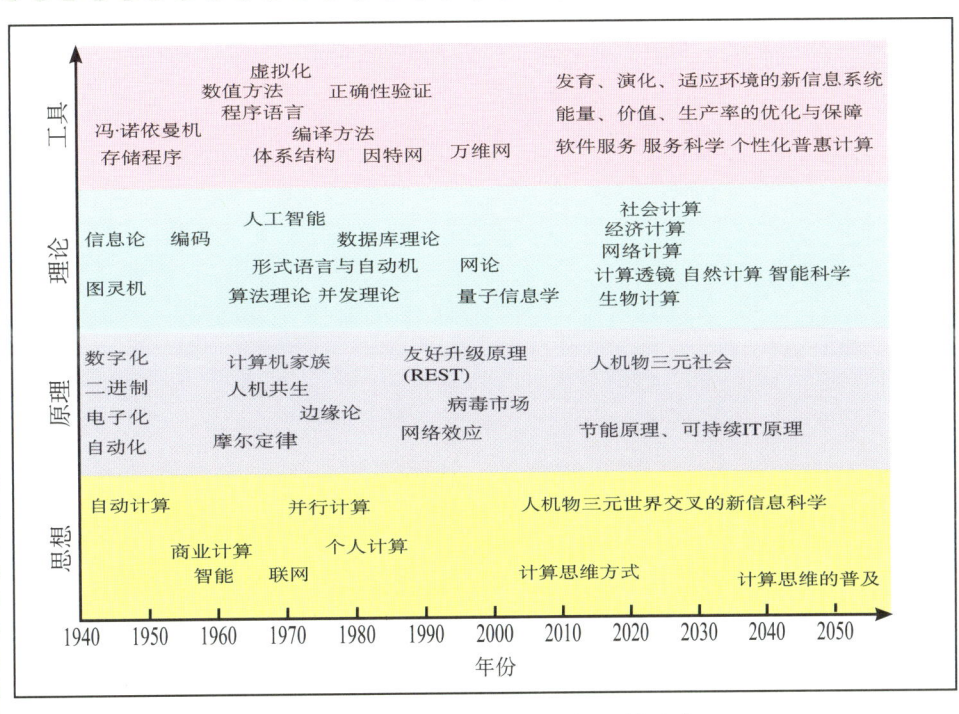

至2050年信息领域各层次的重要研究方向

材料科学与工程发展的主要趋势

材料科学与工程是关于材料成分、制备与加工、组织结构、性能及材料使役行为之间相互关系及其应用的学科。其发展主要的趋势：(1)纳米材料及纳米结构的研发被部署为材料科学研究战略的首位；(2)与信息技术、生物技术、能源技术相关的材料技术得到迅速发展，并日益受到重视；(3)通过不同材料之间的复合化或集成化，优化材料性能或探索高性能新材料体系的研究层出不穷；(4)材料深层次的微结构表征测定、超精细组装加工的新原理、新技术已经成为推动材料科学开拓性发展的重要动力；(5)计算材料学受到高度重视。

材料的全寿命成本及其控制技术

材料的生产和应用经历"自然资源-材料-零件-器件-系统-废品/资源"的过程，相应的，材料全寿命成本包括：原料成本、制造成本、加工成本、组装集成成本、检测成本、维护成本、修复成本和循环使用成本，是材料在其寿命周期中对资源、能源、人力、环境等消耗的叠加。随着经济社会发展和科技进步，考虑材料的全寿命成本并研究应用相应的控制技术将成为必然趋势。

材料的全寿命成本及其控制技术已经成为材料领域最具广泛性、紧迫性和前瞻性的重大命题，其制约因素主要有：对资源的依赖成本、材料生产加工过程本身的成本、由材料性能质量和可靠性决定的使用效率和成本、污染成本和回收利用率等。实现全寿命低成本的关键是突破以下核心科技问题：材料使役行为的预测、设计与控制；材料高效循环利用；材料结构功能一体化；材料结构与性能分析检测技术。

第二章

新科技革命是中国实现现代化的历史机遇

第一节 为新科技革命的到来做好充分准备

纵观现代化历史进程,科技革命深刻影响和改变着民族的兴衰、国家的命运。

那些抓住科技革命机遇实现腾飞的国家,率先进入现代化行列。18世纪中叶,英国作为当时的科学中心,以第一次工业革命为契机,从一个人口仅占世界2%的较落后的小国,在不到一个世纪的时间里崛起为世界头号强国。19世纪中叶,科学中心转移到德国,使其抓住第二次技术革命的机遇,迅速跃升为世界工业强国。美国也抓住第二次技术革命的机遇,在世界工业生产中的份额于1890年上升到第一位,到1913年已超过英国、法国、德国三国的总和。第二次世界大战爆发后,科学中心转移到美国,为其战后至今保持世界第一强国地位奠定了雄厚的科学基础。日本在19世纪利用了第二次技术革命的成果,建立了工业化基础,第二次世界大战后又及时抓住第三次技术革命机遇,实施技术立国战略,1950~1985年经济增长高达约120倍,实现了经济的腾飞,成为仅次于美国的经济大国。20世纪前期,苏联移植了科技革命的成果,迅速实现了国家工业化,第二次世界大战后,在航天等高技术领域取得重大突破,成为世界政治经济格局中的重要一极。

近代中国屡次错失科技革命的机遇,从一个世界经济强国沦为一个积贫积弱的国家,饱受列强欺凌。当欧洲工业文明迅速发展之时,"康乾盛世"的清王朝沉湎于"天朝上国"的盲目自尊,满足于传统农业社会的生产方式,对科技革命和工业文明麻木无睹,错失了科学革命和工业革命的机遇。鸦片战争后,西方列强的坚船利炮打开了清朝的大门,洋务派发动的"师夷之长技以治夷"的自强运动,因落后的封建制度和对近代科学技术认识的肤浅终告失败,使中国又一次丧失了科技革命的机遇。20世纪初第二次科学革命之际,中国尚处于现代科学技术的草创阶段,军阀混战及其后的外敌入侵,使中国失去了科学救国和实业救国的机遇。文化大革命时期,世界新技术革命高潮迭起,而新中国建立的宝贵科学技术基础受到很大摧残,使我国与世界先进科技水平已经有所缩小的差距被再次拉大。面对可能发生的新科技革命,中国再也不能满足于传统发展模式而错失新的历史机遇,必须为此做好充分的准备。

我国已经建立了相对完整的科学技术体系,科技发展水平已经大幅度提高,创新能力呈快速增强趋势,为我国迎接新一轮科技革命奠定了较好的基础。19世纪末起,中国废科举兴西学,将近代科学技术移植到中国,并开始了科学技术建制化进程。中华人民共和国成立后,中央政府迅速组建了中国科学院,发出了向科学进军的号召,制定和实施了《1956-1967年科学技术发展远景规划》,建立了相对完整的科技体系。改革开放后,中国迎来了科学的春天,实施了科教兴国战略、可持续发展战略、人才强国战略,做出了建设国家创新体系和提高自主创新能力、建设创新型国家的战略决策,制定并实施了《国家中长期科学和技术发展规划纲要(2006～2020年)》,中国科技事业有了很大的发展。总体上看,科技整体水平不断提高,与世界科技前沿的差距在缩小,在一些重要领域紧跟世界科技发达国家的步伐,有些领域已达到国际先进水平,某些新兴领域已经位居世界前列;科技发展速度位居世界首位,科技产出增长显著加快,科技创新能力显著提升;科技进步对经济社会发展的贡献不断增强,全民创新意识和科学素养大幅提高。

同时,我们必须清醒地认识到,我国创新能力和体制机制还远不能适应应对新科技革命的挑战和现代化建设的需要。突出表现在:一是原始科学创新能力不足,在可能发生科学革命的重要方向上,我国基本上处在前沿跟踪的水平,真正由中国人率先提出和开拓的新问题、新理论和新方向寥寥无几。二是关键核心技术受制于人,我国许多重要产业的对外技术依存度高,先导性战略高技术领域布局薄弱,直接影响我国产业结构升级、新兴产业发展和国家安全。三是中国特色的科技创新道路尚未形成,仍未从根本上解决科技经济"两张皮"的问题。现行的科技宏观管理体制从根本上制约着国家创新体系各单元作用的有效发挥,政府主导作用往往异化为"部门利益",难以真正集中力量办大事;市场基础作用往往异化为无序竞争,尚未形成竞争有序合作高效的机制;准确把握世界科技发展大势和国家长远发展需求进行前瞻部署的能力不强;有效吸引、培养和造就创新创业人才的政策与制度环境尚未真正建立;创新团体的活力和自主权、创新人才的自信心和积极性需要大幅提高。

世界主要国家为抓住新的科技革命的机遇,都在积极准备,从战略高度谋划未来、前瞻部署,纷纷提出了一系列重要的战略研究报告及相应的创新政策和长远发展规划。2004年和2005年,美国相继发表《创新美国:在竞争与变化的世界中繁荣》和《迎接风暴:振兴美国经济,创造就业机会,建设美好未来》等报告。2006年,美国出台《美国竞争力计划》,欧盟委员会发布《创建创新型欧洲》报告,制定了"全方位欧盟创新战略"。2007年,日本政府发布《日本创新战略2025》和《技术战略路线图2007》。最近几年,发达国家和一些重要国际组织相继提出了若干重要科技领域发展路线图。例如,2001年,欧洲空间局提出了至2030/2040年的空间探索路线图(AURORA计划)。2004年,美国发布了以探索月球和火星为主线的2020年及以后空间探索路线图。2006年,欧盟发布了《欧洲研究基础设施路线图规划

（2006年度报告）》，提出了未来10～20年欧洲重点发展的研究基础设施。2008年，国际能源署发布了《能源科技展望2008》，其中提出了至2050年17项能源科技路线图。

胡锦涛总书记在2004年年底视察中国科学院时明确要求："要提高把握世界科技发展态势的能力，坚持以追赶世界先进水平谋划科学创新，以提高国际竞争力推进技术创新，努力在我国科技事业发展中发挥骨干作用、引领作用。"2006年，在两院院士大会上，他又明确要求两院："进一步发挥跨学科、跨部门、高水平的优势，围绕推进经济社会发展、改善人民生活、保障国防安全等方面的重大科技问题，开展宏观性、战略性、前瞻性、综合性的决策咨询。"2007年，中国科学院组织了包括60多位院士在内的300多位高水平科技、管理和情报专家，分18个领域深入开展中国至2050年重要领域科技发展路线图战略研究，前瞻思考世界科技发展大势、中国现代化进程对科技创新提出的新要求，谋划未来科技发展战略。经过一年多的研究，基本理清了未来50年中国现代化建设对重要科技领域的战略需求，提出了若干核心科学问题与关键技术问题，并从中国国情出发设计了相应的科技发展路线图。相关战略研究报告将陆续发布。

世界科学中心的转移

科学发展经历了从多元兴起到科学中心形成和转移的历程。近代以来，先后在意大利、英国、法国、德国、美国形成了科学中心，并为这些国家在其后抓住技术革命的机遇进而占据世界经济主导地位奠定了科学基础。

意大利成为科学中心的时间大致是从16世纪中叶至17世纪中叶，主要地区是佛罗伦萨、威尼斯和帕多瓦等城市，标志性成果如伽利略《关于力学与地上运动的两门新科学的对话及数学证明》（1638年）。英国成为科学中心的时间大致是17世纪中叶至18世纪中后期，主要地区是伦敦，标志性成果如牛顿的《自然哲学的数学原理》。法国成为科学中心的时间大致是18世纪中后期至19世纪30年代前后，主要地区是巴黎，标志性成果如拉瓦锡的燃烧理论。德国扮演科学中心角色的时间大致是19世纪30年代前后至20世纪30年代末，主要地区是柏林，标志性成果如爱因斯坦的相对论和普朗克的量子论。大约自20世纪30年代末，美国成为科学中心，活跃地区包括新英格兰和加利福尼亚等地，其主要标志是在自然科学和高技术主要领域保持世界领先地位。

科学中心及其转移是一个相对的概念，往往存在多中心并存的情况。比如，当科学中心在意大利时，波兰人哥白尼发表《天体运行论》，比利时人维萨里出版了《人体结构》；当法国和德国成为科学中心时，英国仍保持着科学中心的地位，产生了道尔顿的原子说、法拉第的电磁感应定律、麦克斯韦的电磁场理论、达尔文的进化论等重大成果。

科学中心的形成取决于多种因素，往往与其文化、经济、社会等环境以及科学建制的发展变化相关联。随着全球化和知识经济的发展，世界科学格局有可能从一国独占科学中心向多中心转变，为拥有雄厚科技基础的国家提供了抓住新一轮科技革命的机遇。

1956—1967年科学技术发展远景规划

1955年春，中国科学院提出组织全国科学研究工作规划委员会，并在1956年2月完成了中国科学院15年发展远景规划初稿。1956年1月，周恩来总理要求国家计划委员会会同有关部门，制定1956—1967年科学技术发展远景规划。他强调："必须按照可能和需要，把世界科学的最先进的成就尽可能迅速地介绍到我国的科学部门、国防部门、生产部门和教育部门中来，把我国科学界所最短缺而又是国家建设所最急需的门类尽可能迅速地补充起来，使十二年后，我国这些门类的科学和技术水平可以接近苏联和其他世界大国。"

1956年2月24日，中央政治局批准成立国务院科学规划委员会，决定陈毅任主任，李富春、郭沫若、薄一波、李四光任副主任，中国科学院副院长兼党组书记张劲夫任秘书长。科学规划委员会先后组织六七百名中国专家和一些苏联专家参加规划的制定，并于1956年8月完成了《1956—1967年科学技术发展远景规划纲要（草案）》（简称12年规划），12月中共中央同意实施该规划。

12年规划按照"以任务带学科"为主的原则，围绕着国民经济和国防建设对科学技术所提出的基本任务，确定了13个主要方面的57项任务、616个研究课题，包括12个重点项目：（1）原子能的和平利用；（2）电子学中的超高频技术、半导体技术、电子计算机、遥控技术、电子仪器和遥远控制;(3)喷气技术;(4)生产过程自动化和精密仪器;(5)石油及其他特别缺乏的资源的勘探,矿物原料基地的探寻和确定;(6)结合我国资源情况建立合金系统并寻求新的冶金过程;(7)综合利用燃料,发展重有机合成;(8)新型动力机械和大型机械;(9)黄河、长江综合开发的重大科学技术问题;(10)农业的化学化、机械化和电气化的重大科学问题;(11)危害我国人民健康最大的几种主要疾病的防治和消灭;(12)自然科学中若干重要的基本理论问题。

按照周恩来总理的要求,1956年5月出台了《发展计算技术、半导体技术、无线电电子学、自动学和远距离操纵技术的紧急措施方案》,有效支撑了中国"两弹一星"的成功研制。

到1963年,12年规划的57项任务已完成50项,其中不少任务都是提前完成的,并且运用到生产建设中。实践证明,12年规划对我国集中力量发展科学技术起到了重要的作用,使我国科学技术事业有了一个很大的发展,建立和发展了半导体、电子学、计算技术、核物理、火箭技术等新兴学科门类,填补了国内的空白,大大缩小了同世界先进科学技术水平的差距,为持续的工业化建设奠定了科学技术基础。

中国国家创新体系与中国科学院知识创新工程

1997年,中国科学院系统分析世界知识经济发展态势及我国面临的机遇和挑战,于当年12月底向中央提交了《迎接知识经济时代,建设国家创新体系》的战略研究报告。该报告为建设中国特色国家创新体系提供了基本思路和决策依据,受到中央的高度重视,1998年2月4日,江泽民在报告上做了重要批示:"知识经济、创新意识对于我们二十一世纪的发展至关重要。东南亚的金融风波,使传统产业的发展会有所减慢,但对产业结构调整则提供了机遇。……科学院提了一些设想,又有一支队伍,我认为可以支持他们搞些试点,先走一步。真正搞出我们自己的创新体系。"1998年,中央做出了建设国家创新体系的战略决策。1998年6月,国务院批准中国科学院开展知识创新工程试点。中国科学院知识创新工程按三个阶段实施,即启动阶段(1998—2000年)、全面推进阶段(2001—2005年)、创新跨越持续发展阶段(2006—2010年)。

在知识创新工程实施中,中国科学院明确了战略定位,确立了新的办院方针,进行了深层次、大力度的科技布局调整,顺利完成了创新队伍的代际转移,全面改革管理体制与机制,大力加强科教基础设施建设,创新能力实现跨越式提升,重要科技创新成果不断涌现。知识创新工程的实施,推动中国科技体制改革进入建设国家创新体系的新阶段,极大地促进了全社会创新意识的提升,扩大了中国科学技术在国际上的影响力。

国家中长期科学和技术发展规划纲要(2006—2020年)

2006年2月,国务院发布了《国家中长期科学和技术发展规划纲要(2006—2020年)》(以下简称《纲要》)。在制定中,温家宝总理亲自担任规划领导小组组长,规划制定历时近3年,直接参与专家达2 000多人。这一规划立足国情、面向世界,对我国未来15年科学和技术发展做出了全面规划与部署,是新时期我国科学和技术发展的行动指南。《纲要》提出,到2020年我国科学技术发展的总体目标是:自主创新能力显著增强,科技促进经济社会发展和保障国家安全的能力显著增强,为全面建设小康社会提供强有力的支撑;基础科学和前沿技术研究综合实力显著增强,取得一批在世界具有重大影响的科学技术成果,进入创新型国家行列,为在本世纪中叶成为世界科技强国奠定基础。规划包括了11个重点领域,62个优先主题,16个重大专项,8个方面的前沿技术和4个方面的基础研究问题。

资料来源: http://www.gov.cn/jrzg/2006-02/09/content_183787.htm

创新美国:在竞争与变化的世界中繁荣

2003年10月,美国竞争力委员会组织四百多位来自著名大学、企业、产业协会和政府的管理者和学者,历时一年的研究,于2004年12月推出了《国家创新倡议》,其主报告为《创新美国:在竞争与变化的世界中繁荣》。

该报告详细地分析了美国创新生态系统正在和即将发生的变化、美国创新所面临的机遇和挑战,认为创新是美国的灵魂,是确保美国在21世纪领导地位的重要手段。报告建议聚焦三大目标:(1)聚集本国精英的智慧形成全面提升美国竞争力的国家意识和行动框架;(2)认识创新过程中的变化,并懂得如何将这些变化转化为经济增长的动力;(3)倡导构建最具吸引力的美国创新氛围。

报告提出了全面提升美国创新能力的行动议程,建议全面构建一种新型的合作、管理和监测机制,以确保美国在未来的全球经济中获得成功。报告提出了六十余项强化创新的政策建议,这些政策建议主要集中在人才、投资、组织及机制三个方面。

资料来源:http://www.compete.org/publications/detail/202/innovate-america

迎接风暴:振兴美国经济,创造就业机会,建设美好未来

为了加强美国的科学和技术工作,使美国能够在21世纪的全球竞争中获得成功、确保繁荣与安全,按照优先次序排列,美国政府可以采取的最重要的10项行动是什么?要落实这些行动,实施的战略(具体步骤)是什么?该报告是美国国家科学院、国家工程院及两院下属医学研究所为回应以上问题而在2005年10月发布的联合报告。

该报告直面世界竞争环境和美国面临的危机,认为美国在经济上的领导地位所依赖的科学基础正在不断削弱,对美国今后的繁荣表示担忧,必须以高度的紧迫感来保持自己的战略和经济安全,并将人才与创新作为美国提升国家竞争力的核心要素。为此,提出四项建议:(1)大力提升K-12教育阶段的数学与科学教育水平以增加美国的人才储备;(2)国家应保持并加强对基础研究的投入;(3)使美国成为学习和从事研究工作的最有吸引力的地方;(4)确保美国是世界上进行创新的首选之地。

针对每项建议,报告还提出了若干具体的实施行动计划。

资料来源:http://commerce.senate.gov/pdf/augustine-031506.pdf

美国竞争力计划

2006年2月,白宫科技政策办公室(OSTP)国内政策委员会发布了一份题为《美国竞争力计划》的报告。其主要内容包括:大幅度增加对

资助物质科学与工程领域基础研究的关键联邦机构的创新研究投资，改革研究与实验税收信贷，强化K-12数学与科学教育，改革劳动力培训体系，采取相关措施以增强美国吸引和挽留全球范围最优秀的高技能劳动力的能力。其目标是：在纳米加工、纳米制造和纳米材料方面取得突破，在高性能计算、先进网络、量子信息等方面保持世界领先，突破氢能、核能和太阳能经济有效利用技术等，提出在10年之内将主要机构的经费翻一番、加强相关国家研究机构、加强标准化工作等。

2007年8月，在此计划基础上，布什总统签署了《美国竞争法案》。10月，美国竞争力委员会提出了"未来五点"行动建议：(1)挑战科技前沿；(2)革新对安全、可持续的能源的获取；(3)从创造型和前沿型人才中获益；(4)将风险智能转化为企业弹性；(5)参与全球化经济。

资料来源：http://www.nist.gov/director/reports/ACIBooklet.pdf, http://www.compete.org/images/uploads/File/PDF%20Files/Five_Final_8858COC.pdf

创建创新型欧洲

2005年10月，欧盟举行了一次非正式首脑峰会，一致认为，欧盟应该对一些关键问题给予高度优先权，以应对全球化的挑战，其中最重要的是研究与创新。为此，欧盟委员会任命芬兰前总理埃斯科·阿霍为组长，组织产业界和学术界人士，研究欧盟当前的形势，并就如何提高欧洲的研究和创新绩效提出建议。

2006年1月，该专家小组提交了题为《创建创新型欧洲》的报告。该报告提出了创建创新型欧洲的战略，并提出要实现这个战略，核心是要形成一个激励创新的市场；同时，还要提高研究和创新的资源投入，提高人才、资金和组织机构的灵活性。报告建议将电子医疗、药品、运输与物流、环境、数字内容产业、能源，以及安全作为重点领域，并统一协调欧盟及各成员国在上述领域的行动。

资料来源：http://www.eua.be/eua/jsp/en/upload/060119Aho_report_final.1151581421179.pdf

日本创新战略2025

2007年2月,日本政府发布了《日本创新战略2025》报告。报告采用德尔菲法咨询了2500名专家,从医疗与健康,环境、水与能源,生活与产业,安全、放心、舒适的区域社会,拓展领域(机器人登月等)等五个方面提出了技术创新的需求和时间表。其核心是建设富有活力的社会,培养领军人才,满足国民需要,赢得未来。

其目标是:建设国民健康、安全、舒适、丰富多彩的创新型社会,并在世界范围具有重要影响力和一定的领导力。推进创新的基本战略是:科学技术创新,社会创新,人才创新。提出当前亟待解决的政策课题有:摆脱困境成为世界经济增长和国际贡献的引擎,倍增信息技术投资,推动大学改革,增加科技投资,为促进创新修正各种规定、制度和规则,推进"科学技术立国"的体制改革等。

资料来源:http://scienceportal.jp/trend/innovation25

技术战略路线图2007

2007年4月,日本经济产业省有关机构联合大学和企业人员经19次讨论后,在修订2006年版路线图的基础上发布了《技术战略路线图2007》。内容涉及信息通信、生命科学、能源与环境、纳米技术及材料和制造等五大领域25个子领域。各领域路线图由内容介绍、技术路线和路线图三个部分组成。

通过技术战略路线图及其制定过程,将主要实现以下三个目标:(1)调整产业技术的相关政策,凝练出国家和民间都高度重视的技术;(2)向民间企业研究开发者提供重要的技术信息,着眼于未来社会的产、学、官合作的"研究开发的共同远景",给出技术开发的方向;(3)增进国民的理解,就本省的研究开发投资,以及研究方法、内容、成果等向国民进行说明。

资料来源:http://www.kantei.go.jp/jp/innovation/saishu/070601/kakugi1.pdf

空间探索的愿景

2004年,美国航空航天局(NASA)制定了《空间探索的愿景》。该报告从月球试验台、火星研究与探测、月球外部研究和太阳系外行星探测与研究四方面给出了详细的太阳系及以远探索路线图和相应的探测任务,并提出了为支撑这些任务而必须具备的关键技术能力,如推进、能源、通信、载人运输和发射等。该报告还确定了NASA空间探索的指导原则,以及为执行该计划而进行的组织机构和人力、物力等资源调整。根据该报告,NASA将分别于2008年(现推迟至2009年5月)和2011年向月球和火星发射专门的机器人探测器,演示新技术,以便为最终的人类探索铺平道路,并计划于2015年向月球发射载人探测器(现推迟至2020年前)。

资料来源:http://history.nasa.gov/Vision_For_Space_Exploration.pdf

欧洲研究基础设施路线图规划(2006年度报告)

2006年,欧洲研究基础设施战略论坛(ESFRI)路线图工作组发布了《欧洲研究基础设施路线图规划(2006年度报告)》。800多名科学家参与了路线图的制定,总结概括了欧洲在未来科学研究中对研究基础设施的需求。路线图涉及九大领域:社会科学与人文科学,环境科学,能源,生物医学与生命科学,材料科学,天文学、天体物理学、核物理及粒子物理学(含空间科学),计算和数据处理,共有35个项目,并从设施简介、背景、创新之处及预期影响、时间表和经费预算四个方面对各个项目进行了详细说明。为未来欧洲研究基础设施的建设提供指导。

资料来源:ftp://ftp.cordis.europa.eu/pub/esfri/docs/esfri-roadmap-report-26092006_en.pdf

能源科技展望2008

2008年6月,国际能源署(IEA)为了响应G8峰会行动计划,发布了《能源科技展望2008》。该报告是国际能源署依靠其知名专家和能源技术网络制定完成的,旨在应对到2050年世界经济快速发展与清洁高效能源使用的问题。该报告提供了详细的技术和政策指导,包括核电、岸风能利用、生物质发电、光伏系统、太阳能热电厂、电动汽车、燃料电池汽车等17项技术路线图。报告总共可分为三部分:(1)2050全球能源经济与技术;(2)从现在到2050年的变革,提供了一系列中长期战略,通过利用能源技术促进世界的可持续发展;(3)能源技术现状与展望,详细评估了在发电、道路交通、工业、建筑和器械领域的关键能源技术现状和未来发展前景。

资料来源:http://www.iea.org/W/bookshop/add.aspx?id=330

第二节 中国现代化进程对科技创新的新要求

展望2050年,中国将进入世界中等发达国家的行列,呈现一幅激动人心的图景:

2050年的中国,将是一个政治文明高度发达的国家,社会主义民主和法制高度完善,国家统一,民族团结,社会稳定,人民的政治权利和发展权得到充分保证,国家安全得到可靠保障。

2050年的中国,将是一个物质文明发达的国家,经济总量达到世界首位,人均GDP达到中等发达国家水平,经济保持持续、稳定、协调发展,科技创新能力居于世界前列,全体人民过上富足安康的生活。

2050年的中国,将是一个社会文明高度发达的国家,社会公平正义,人民健康长寿,劳动人口就业充分,全体人民和谐相处,社会保障体系健全,城乡一体化有效实现,区域差距显著缩小,社会充满创造活力。

2050年的中国,将是一个精神文明高度发达的国家,全体国民享受高水准的义务教育,高等教育实现大众化,终身学习成为国民的生活方式,拥有世界上最宏大的、充满活力的创新创业人才队伍,全社会形成爱国、敬业、诚信、友善的道德风尚,中华文化与世界各民族文化交相辉映。

2050年的中国,将是一个生态文明高度发达的国家,人与自然和谐相处,生态环境退化得到有效遏制,山青水秀,天蓝宜居,江山如画。

2050年的中国,将是一个高度开放的国家,成为维护世界和平和世界公平正义的重要力量,中华民族与世界各民族平等友好相处,充分有效吸纳世界先进知识促进本国发展,又不断为世界发展作出应有贡献。

在实现这一宏伟愿景的历史进程中,我国既面临着新科技革命的机遇,又面临着能源资源、生态环境、人口健康、空天海洋、传统与非传统安全等诸多方面的严峻挑战,这些挑战关系现代化建设的全局,能否有效应对将在很大程度上决定和影响我国现代化建设的进程。必须依靠科技创新,构建支撑我国全面建设社会主义小康社会、实现现代化的八大经济社会基础和战略体系,即:可持续能源与资源体系、先进材料与智能绿色制造体系、无所不在的信息网络体系、生态高值农业和生物产业体系、普惠健康保障体系、生态与环境保育发展体系、空天海洋能力新拓展体系、国家与公共安全体系等,着力解决影响我国现代化进程的若干战略性科技问题。

——能源、油气资源、矿产资源和水资源这些必须从大自然中获取的资源,是实现我国现代化目标的物质基础。我国是人均自然资源最紧缺的国家之一,现代化建设对能源与资源的需求总体呈持续快速上涨趋势。最乐观的估计,我们认为2025~2040年需求总量将相继从快速增长进入平稳增长期,但总量上与现在相比仍有大幅增长。例如,钢、铝、铜等大宗矿产品需求总量有可能在2025年前后分别达到7亿t、1500万t、700万t,比2008年分别增长约40%、45%、75%;水资源需求总量有可能在2030年前达到6500亿m^3,比2007年增长约11.7%;能源消耗总量有可能在2040年前后达到60亿tce,比2008年增长约1倍以上。从自然资源的储量和供给能力看,能源供给瓶颈问题日趋严峻,能源使用效率低。例如,2007年我国万元GDP能耗约为日本的7倍、美国的4倍、德国的6倍;油气和主要矿产资源严重紧缺和过度依靠进口的局面,已成为我国经济安全重大威胁,按2007年我国总需求量计,如果完全依靠国内供给,石油已探明可开采储量仅能维持12年,铁、铜等大宗矿产资源分别仅能维持8年、7年;水资源、水环境、水生态、水灾害、水管理等水问题日趋突出,全国六百多个城市中三分之二存在供水不足问题,缺水比较严重的城市高达110个,我国七大水系劣Ⅴ类水质断面占20.8%。因此,必须依靠科技创新,大幅提高能源与资源利用效率,大力发展战略资源的大陆架和地球深部勘察与开发,大力发展新能源、可再生能源与新型替代资源,构建我国可持续能源与资源体系。

——材料和制造是人类文明的物质基础,制造业是国民经济的产业主体。未来30~50年,能源、信息、环境、人口健康、重大工程等对材料和制造的需求将持续增长,先进材料和制造的全球化、绿色化、智能化将加速发展,制造过程的清洁、高效、环境友好日益成为世界各国追求的主要目标。我国已成为世界制造业大国,但远不是制造业强国。现阶段产品仍多处于国际产业链低端,众多基础原材料及工业产品的产量已居世界首位,但高品质材料、核心部件和重大装备仍依赖进口;多数产业核心技术受制于人,自主研发能力仍有很大差距;资源能源利用率和生产效率远低于世界先进水平,二次资源利用率相当于世界先进水平的三分之一;环境污染严重,是废弃物产生的主体,仅钢铁和水泥生产中二氧化碳的排放量就相当于总排放量的三分之一。因此,我国要成为制造业强国,必须依靠科技创新,加速材料与制造技术智能化、绿色化与可再生循环的进程,促进我国制造业技术与结构升级和就业结构调整,有效保障我国现代化进程材料与装备的有效供给与高效、清洁、可再生循环利用,构建先进材料与智能绿色制造体系。

——我国现在处于工业社会的中期,到2050年将全面进入信息社会。实现信息化的过程可粗略分为e社会和u社会两个阶段。u是指无处不在和全民普及(ubiquitous, universal)的意思。2020年以前主要发展电子化、数字化技术,为迈向信息社会奠定坚实基础,国际上一般称为e社会。2020~2050年将完成从e社会到u社会的过渡,实现无论何时、何地、何人、何物均可互联互通、信息共享和协同工作。泛在的信息网络正在进入快速演进和全民普及阶段,信息网络的无处不在、惠及大众以及低功耗、低成本、易使用、高可信、自治管理和个性化将成为未来几十年发展信息技术的主旋律。在人类社会向知识服务演进的过程中,新的信息处理和应用系统解决方案不断出现,信息网络将更加深入地渗透到社会活动的各个方面,持续地影响和改变人们的生活方式,创造新型就业形态和巨大的就业机会,提高社会活动效率。2020~2050年必须在信息科学和信息器件、设备、软件上有原理性的重大突破。强烈的需求将激励信息科学在2020年以后的20~30年有一次大的飞跃。我国信息产业规模已居世界第二位,但自主创新能力不足,信息科技供给能力不足,核心知识产权少,产品利润率低,信息化成本高。总结过去几十年我国信息科学技术的发展历程,最大的教训是缺乏有远见的前瞻性部署,错过了一些信息技术升级换代的机会。因此,**必须抓住21世纪上半叶信息科学变革性突破和信息技术跃变的机遇,加快和提升我国信息化进程和水平,消除数字鸿沟,走出一条普惠、可靠、低成本的信息化道路,加快构建我国无所不在、人人共享的信息网络体系。**

——我国农业面临巨大需求,食物和纤维需求总量将显著增长,需求结构也将发生根本性的变化,奶制品和水产品需求将增长3倍以上。未来50年,中国农业发展面临着巨大的机遇和挑战。农产品市场的扩张、农业比较效益的提高、农业生产结构的改善和农业科技的发展等,都将为中国未来农业发展提供难得的发展机遇。同时,农业发展面临着五个方面的巨大挑战:日益严峻的耕地、水资源和生态安全,小规模经营和农业现代化发展之间的矛盾,农业劳动人口的大规模转移与就业,农业多功能需求的增长对中国的粮食与农产品安全和水土等资源超载压力的威胁,全球气候变化对农业的冲击和影响等。因此,必须依靠科技创新,促进我国农业结构的升级与战略性调整,发展高产、优质、高效、生态农业和相关生物产业,保证粮食与农产品安全,构建我国生态高值农业和生物产业体系。

——让中国人民生活得更健康是贯穿我国现代化进程的始终追求。目前,我国面临的主要健康威胁来自慢性病,尤其是心脑血管疾病、肿瘤、代谢性疾病和神经退行性疾病等,因慢性病死亡的人数已占全国死亡人数的四分之三。肝炎等重大传染病未能得到有效控制,艾滋病有蔓延之势,"非典"、禽流感、甲型流感等新生疾病威胁巨大,食品安全问题严峻,出生缺陷率有上升趋势,人口增长控制的任务十分艰巨,网瘾等心理健康问题日益突出。生物医药产业远不能满足国内需求,几乎所有高端医疗器械都依赖进口,重大创新药物寥寥无几。因此,必须依靠科技创新,推动医学模式由疾病治疗为主向预测与干预为主转变,将当代生命科学前沿与我国传统医学优势相结合,在健康科学方面走到世界前列,构建满足我国十几亿人口需要的普惠健康保障体系。

——生态与环境问题已成为制约我国现代化进程的重大瓶颈之一。突出表现在:环境污染呈加剧蔓延趋势,已从陆地蔓延到近海,从地表延伸到地下,从单一污染发展到复合污染。生态系统健康水平下降,脆弱生态系统退化严重,土地荒漠化加速发展,全国荒漠化面积达262.2万km^2,占国土总面积的27.3%,近4亿人口受到影响;水土流失面积达367万km^2,占国土总面积的38%,每年因水土流失损失的土壤达50亿t。野生动植物物种数量锐减,各类生物物种受威胁的比例普遍在20%～40%。城市环境问题日益突出,城市热岛效应、拥挤效应和环境污染加剧,城市居民生活环境恶化,城市环境污染突发事件频发。持久性有毒有害污染物的危害逐步显现,同时新型污染物不断进入环境,对生态系统和人体健康产生更久远、更难以预料的影响。我国即将成为全球二氧化碳第一排放大国,在有关全球气候变化国际公约谈判中面临严峻挑战。因此,必须更加依靠科技创新,系统认知环境演变规律,提升我国生态环境监测、保护、修复能力和应对全球气候变化的能力,提升对自然灾害的预测、预报和防灾、减灾能力,不断发展相关技术、方法和手段,提供系统解决方案,构建支撑我国人与自然和谐相处的生态与环境保育发展体系。

——空天海洋包含人类初步认识和还未开发利用的巨大资源,现代化进程要求人类不断向空天海洋拓展,未来的中国作为人口最多的现代化国家,必须具备空天海洋强大的优势。海洋是支撑21世纪人类社会可持续发展最大增量资源的来源,如以海底蕴藏为主的天然气水合物总量,保守估计相当于人类现在已知的化石能源总量的2倍。围绕公海资源的争夺日趋激烈,大洋和深海探测开发能力成为影响国家未来发展空间的关键因素,而我国对海洋环境的科学认知甚少,技术手段更显薄弱,严重制约了我国海洋权益、资源开发、防灾减灾和安全保障能力。以知识为基础的海洋经济正在并将继续成为全球经济新的增长点,我国拥有约300万km^2的管辖海域和6500多个沿海岛屿,海洋产业发展迅速、潜力巨大。我国有18 000 km长的海岸线,海岸带聚集了我国经济相对发达地区,沿海省市集中了我国40%的人口,创造了近60%的GDP,其可持续发展对区域乃至国家发展有着重要的辐射与带动作用。比海洋更加浩瀚的是太空。通过空天探索活动,获取宇宙和物质运动规律的新知识,牵引和推动高技术创新跨越,占领新的制高点以提升观测地球、信息传送、导航定位的能力,以及采集新的能源和资源、开辟新的活动疆域,是世界空天活动的主流趋势。世界主要大国高度重视并投入巨资提升空天能力,我国空天能力虽有长足进步,但与世界科技先进国家相比差距明显:迄今为止,人类在空天实现的所有第一次突破和重大发现,均不是由中国实现的;当我国为绕月飞行振奋的时候,美国"旅行者号"已经飞到太阳系的边缘,相当于地球到月球距离的43 000多倍;我国卫星等航天器的寿命远低于世界先进水平,直接制约我国建立自主的空间应用卫星体系。同时,我们也应看到空天发展存在着巨大的机遇,目前人类对临近空间(20~200km)的利用几乎还是空白,对月球乃至太阳系间潜在资源的利用还只是纸上谈兵,对未知的巨大潜在物质和能量还只能用"暗"字来笼统地加以概括。因此,必须更加依靠科技创新,大幅提高我国海洋探测和应用研究能力、海洋资源开发利用能力、空间科学与技术探测能力和对地观测与综合信息应用能力,构建我国空天海洋能力新拓展体系。

——在现代化的进程中,全球化和科技的迅猛发展,极大地拓展了公共与国家安全的概念与内涵,传统安全面临新的重大变化,非传统安全变得日益突出,各种安全问题交织,将对我国持续健康发展带来威胁,其中,空间安全、海洋安全、生物安全、信息网络安全等领域对我国现代化全局和全程具有重大影响。因此,必须依靠科技创新,发展传统与非传统安全防范技术,提高监测、预警和应急反应能力,构建我国国家与公共安全体系。

第三章

中国八大经济社会基础和战略体系

八大体系是我国现代化进程中八个关键方面的图景,是科技创新的国家战略需求。经过一年多研究,我们明确了八大体系的结构、特征、分阶段目标和所需要的科技支撑,并制定了相应重点领域的科技发展路线图。

第一节 可持续能源与资源体系

我国可持续能源与资源体系,主要包括可持续能源体系、矿产资源开发与循环利用体系、水资源保护与高效利用体系等,其总体建设目标是有效保障我国现代化进程各个阶段能源与资源的有效供给和高效利用。到2020年前后,将有效缓解现有制约我国发展的能源与资源的瓶颈问题;到2030年前后,能够基本依靠我国能源与资源的自主创新能力,保障我国安全渡过资源与能源需求高峰;到2050年前后形成以自主创新为主体的中国特色可持续能源与资源体系,能源与资源产业具有国际竞争力,科技创新能力进入国际先进水平(表3-1)。

表3-1 中国至2050年可持续能源与资源体系建设特征与目标

类别	特征	2020年前后	2030年前后	2050年前后
可持续能源体系	总量	45亿tce	60亿tce	66亿tce
	结构	化石能源：80% 新能源与可再生能源：16% 核能：4%	化石能源：66% 新能源与可再生能源：27% 核能：7%	化石能源：45% 新能源与可再生能源：45% 核能：10%
	节能*	50%（与2005年相比）	60%	40%
	碳排放量**	50%左右（与2005年相比）	50%左右	60%左右
矿产资源开发与循环利用体系	固体矿产资源	资源探明率：50% 勘探深度：东中部地下2000m以内	资源探明率：50% 勘探深度：西部地下2000m以内	资源探明率：70% 勘探深度：地下4000m以内
	油气资源	原油探明率：50% 天然气探明率：30% 勘探深度：8000m	原油探明率：60% 天然气探明率：50% 勘探深度：10 000m	原油探明率：70% 天然气探明率：60% 勘探深度：12 000m
	固体矿产资源利用	回收率：50% 综合利用率：45% 替代和循环利用率：20%～40%	回收率：70% 综合利用率：60% 替代和循环利用率：30%～50%	回收率：80% 综合利用率：80% 替代和循环利用率：40%～60%
	油气资源利用	原油采收率：40% 非常规油气替代率：10%	原油采收率：50% 非常规油气替代率：20%	原油采收率：60% 非常规油气替代率：30%～40%
水资源保护与高效利用体系	供水总量	6000亿m³	6500亿m³	5500亿m³
	节水	工业用水重复利用率：50% 农业灌溉水利用率：65%	工业用水重复利用率：65% 农业灌溉水利用率：75%	工业用水重复利用率：85% 农业灌溉水利用率：85%
	城市污水处理率	80%	90%	100%

*：为单位GDP能源消耗与上一阶段相比下降的比例

**：为万元GDP二氧化碳排放量与上一阶段相比下降的比例，万元GDP二氧化碳排放按2005年不变价计算

能源特征指标现状

能源消费总量是指全国各行业和居民生活年消费的各种能源总量。2007年我国能源消费总量为26.6亿tce。

能源结构是指一次能源总量中各种能源的构成及其比例关系。2007年我国能源结构：化石能源（煤炭、石油、天然气）为92.7%、水电为6.5%、核能为0.8%。

全国能源效率是指国家能源系统从一次能源投入、一次能源输送、加工、转换、中心电站转换、二次能源及直接使用的一次能源输送和分配、部门终端消费等各个环节和能源系统的能源有效利用状况。

2004年我国万元GDP二氧化碳排放量为3.13t。

矿产资源特征指标现状

矿产资源探明率是指矿产资源探明储量占地壳中潜在资源储量的百分比。我国目前约为30%，勘探深度多小于500m。

矿产资源总回收率是指采矿、选矿和冶炼三个阶段中矿产资源得到有效回收利用的程度，是反映矿产资源开发利用水平的综合性评价指标。我国目前矿产资源总回收率仅约为30%，比国际先进水平低20%。

矿产资源综合利用率主要指所开采的多种有用组分共、伴生矿床中已利用组分占总组分的比例。我国目前矿产资源综合利用率平均仅为35%左右，尾矿利用率不到10%，资源浪费十分严重。

油气资源特征指标现状

油气资源探明率是指累计探明地质储量与地质资源量的比值。到2007年底，我国石油资源量约为650亿t，资源探明率为39%左右；天然气资源量25万亿m^3，资源探明率为24.6%。目前我国勘探开发主要目的层段在东部盆地浅于3500m，西部盆地浅于4500m。

原油采收率是指已采出原油占探明地质储量的比值。原油采收率在我国各地差异很大，平均约为30%，在大庆、胜利等油田的一些试验区可达到近70%。非常规油气替代率是指当年生产的非常规油气量占油气生产总量的比值。目前我国非常规油气生产还很低。

> **水资源特征指标现状**
>
> 供水总量是指各种供水设施提供的全部水量。2007年全国供水总量为5819亿m^3。
>
> 工业用水重复利用率是指在一定计量时间内,工业生产过程中使用的重复利用水量与总用水量之比。我国目前尚不足40%。
>
> 农业灌溉水利用率是指某一时期灌入田间可被作物利用的水量与水源地灌溉取水总量的比值,反映全灌区渠系输水和田间用水状况,是衡量从水源取水到田间作物吸收利用过程中灌溉水利用程度的一个重要指标,能综合反映灌区灌溉工程状况、用水管理水平、灌溉技术水平。我国目前为46%左右。
>
> 城市污水处理率是指城市污水处理总量与污水排放总量的比率。我国2007年大约为59%。

1. 通过实施中国至2050年能源科技发展路线图,构建可持续能源体系

重点瞄准高效非化石燃料地面交通技术、煤的洁净和高附加值利用技术、电网安全稳定技术、生物质制取液体燃料和原材料技术、可再生能源规模化发电技术、深层地热工程化(EGS)技术、氢能利用技术、天然气水合物开发与利用技术、新型核电和核废料处理(ADS)技术、具有潜在发展前景的能源技术(包括海洋能、新型太阳能电池和核聚变)等10个重要技术方向,着力突破关键技术,推进相关技术集成、试验示范及其商业化应用。近中远期的战略安排是:2020年前后,突破新型煤炭高效清洁利用技术,初步形成煤基能源与化工的工业体系;突破新型轨道交通技术、纯电动汽车,初步实现地面交通电动化的商业应用;在充分开发水力能源和远距离超高压交/直流输电网技术的同时,突破太阳能热发电和光伏发电技术、风力发电技术,初步形成可再生能源作为主要能源的技术体系和工业体系。2035年前后,突破生物质液体燃料先进技术并形成规模化商业应用;突破大容量、低损失电力输送技术和分散、

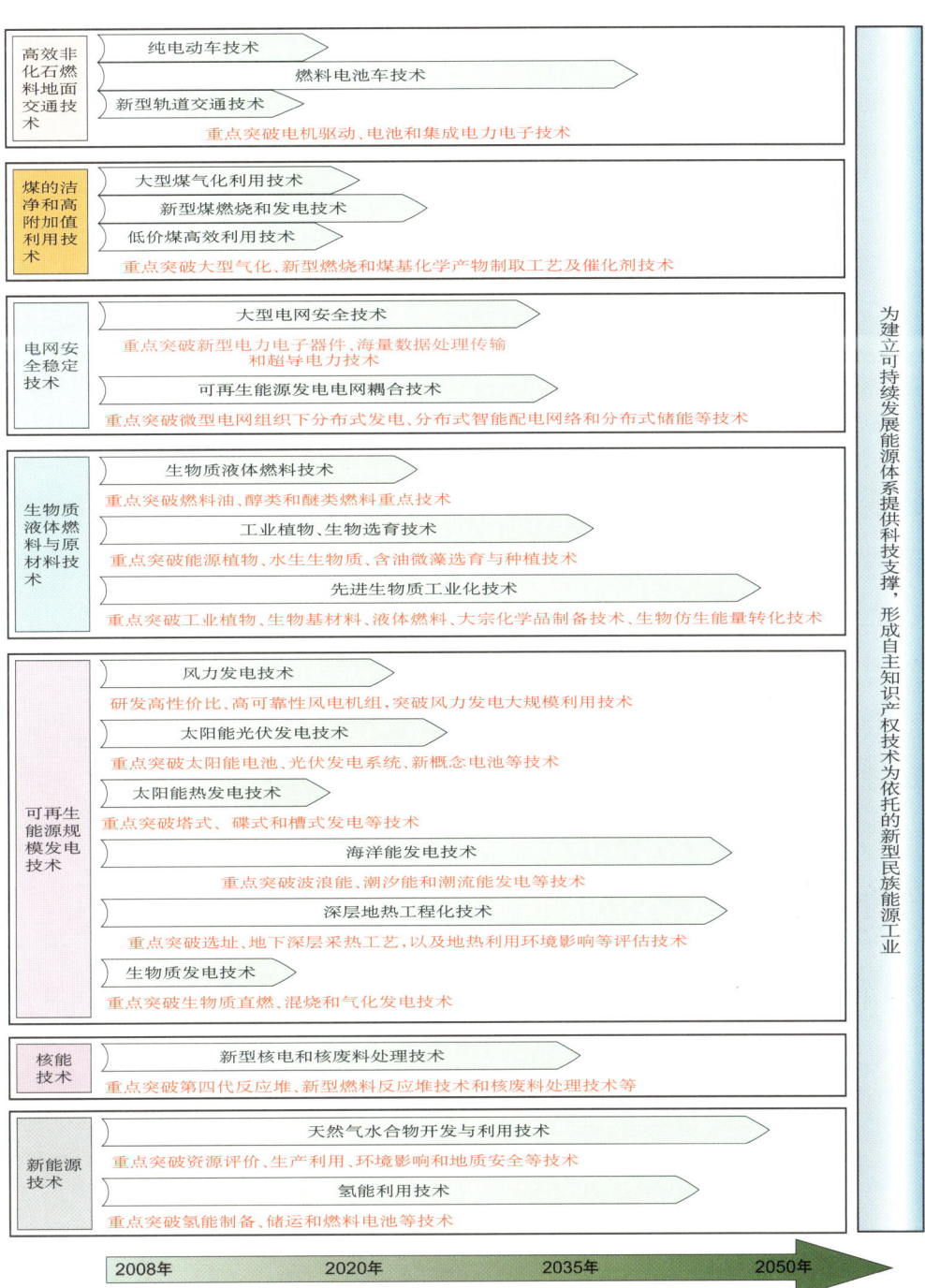

图 3-1　中国至 2050 年能源科技发展路线图
注：图中各种技术所对应的时间表示该技术规模化商业应用的时间

不稳定的可再生能源发电并网以及分布式电网技术，电力装备安全技术和电网安全新技术比重将达到 90%，初步形成以太阳能发电技术、风力发电技术等为主的分布式、独立微网的供电和输电系统；突破新一代核电技术和核废料处理技术，为形成有中国特色核电工业提供科技支撑。2050 年前，突破天然气水合物开发与利用技术、氢能利用技术、燃料电池汽车技术、深层地热工程化技术、海洋能发电等技术,基本形成化石能源、新能源与可再生能源、核能、水能等多元能源结构,以自主创新技术为支撑的中国特色新型能源工业体系。详见图3-1。

2. 通过实施中国至2050年固体矿产资源科技发展路线图和油气资源科技发展路线图,构建矿产资源开发与循环利用体系

中国至2050年固体矿产资源科技发展路线图。在系统认知我国岩石圈独特演化历史的基础上,重点解决巨量成矿物质聚集过程、矿床的时空分布规律、成矿模型与找矿模型的关系等三大科学问题,重点突破深部矿产资源探测、矿产资源高效清洁利用、重要紧缺矿产替代资源、矿产资源循环利用等四个重要技术方向,加强相关技术集成、试验示范和应用。近中远期的战略安排是:2020年前,确定我国主要成矿区带的成矿规律和找矿远景;突破元素野外现场精确测定技术、航空物探技术、成矿信息高精度提取技术、东部地区深至2000m左右高分辨地球物理

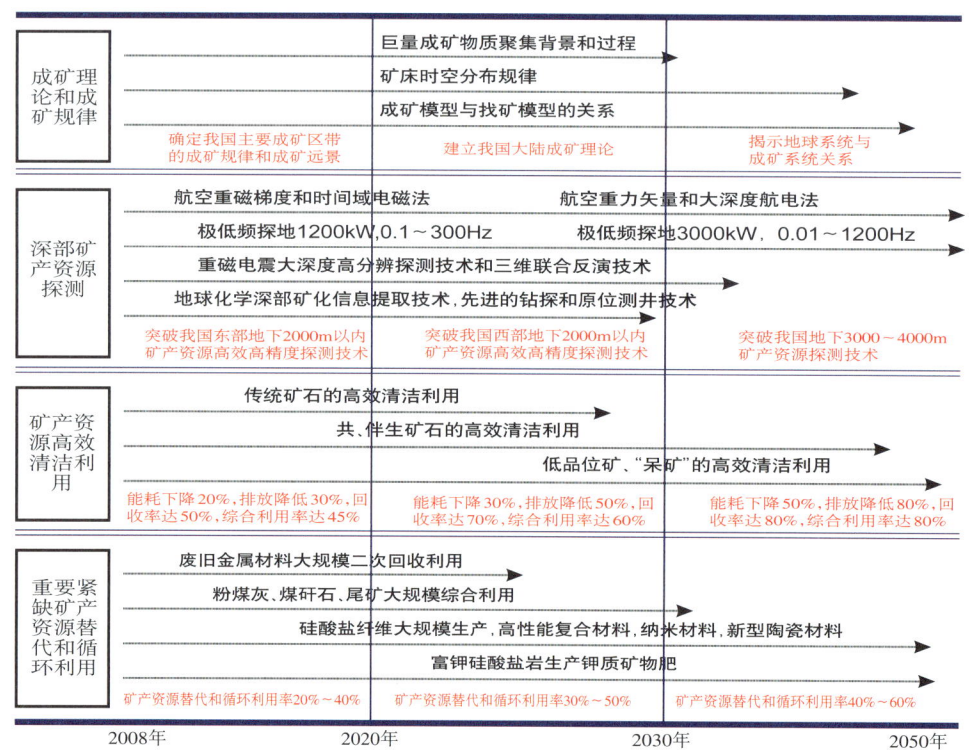

图3-2 中国至2050年固体矿产资源科技发展路线图

探测技术；提高重点矿山的矿产资源采、选、冶回收率和共、伴生矿床综合利用率；开展紧缺矿产替代资源技术的先导性研究和开发；突破废旧金属高效回收利用技术。2030年前，建立我国大陆成矿理论体系；突破西部地区地下2 000m以内矿产资源高效高精度探测技术；突破低品位矿和尾矿高效清洁利用技术；突破非水溶性钾资源的肥料化技术。2050年前，揭示地球系统与成矿系统的关系；突破地下3 000～4 000m矿产资源探测技术；形成矿产资源高效清洁利用的整套核心技术；突破硅酸盐纤维替代大宗金属材料技术。详见图3-2。

中国至2050年油气资源科技发展路线图。在系统认知我国油气复杂构造背景和叠合盆地独特演化历史的基础上，深化认识油气富集规律，开拓油气勘探新领域、新层系，发展油气分布预测技术，大幅度提高油气采收率，突破一系列油气勘探开发关键技术，研发拥有自主知识产权的先进仪器装备与软件技术。2020年前，完善盆地形成演化与油气成藏的理论体系，初步创立海相碳酸盐岩油气成藏理论，研发复杂地表、构造、储层地球物理探测技术与装备，突破大陆架和海域深水–超深水盆地的油气勘探和开发技术、非常规油气矿产的高效开采技术。2035年前，基本掌握我国含油气盆地的成因类型及油气分布规律，初步形成一套较完善的深部油气成藏理论，形成较完善的深水–超深水盆地的成盆、成烃和成藏理论，突破深层–超深层油气钻探及开

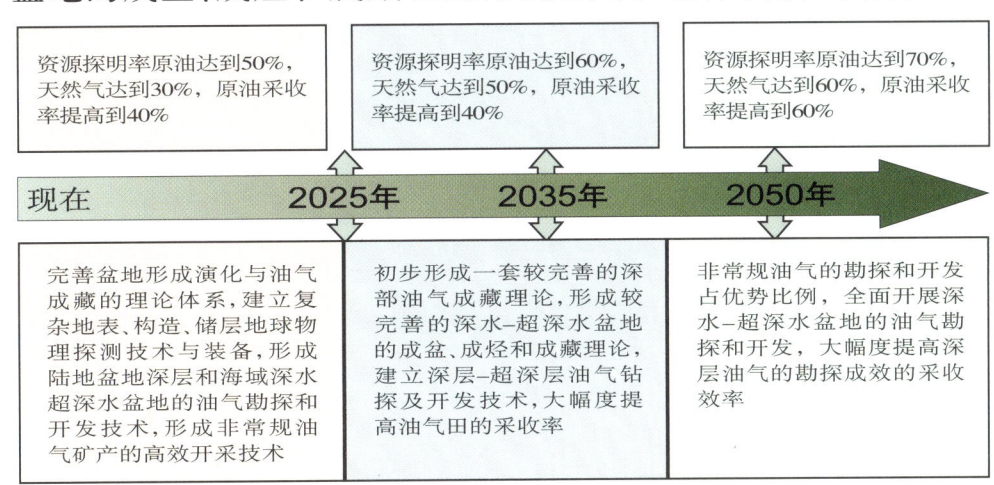

图3-3　中国至2050年油气资源科技发展路线图

发技术,大幅度提高油气田的采收率。2050年前,全面开展深水–超深水盆地的油气勘探和开发,大幅度提高深层油气勘探成效和采收效率,参与北冰洋圈及全球其他公共地区油气勘探开发。详见图3-3。

3. 通过实施中国至2050年水资源领域科技发展路线图,构建水资源保护与高效利用体系

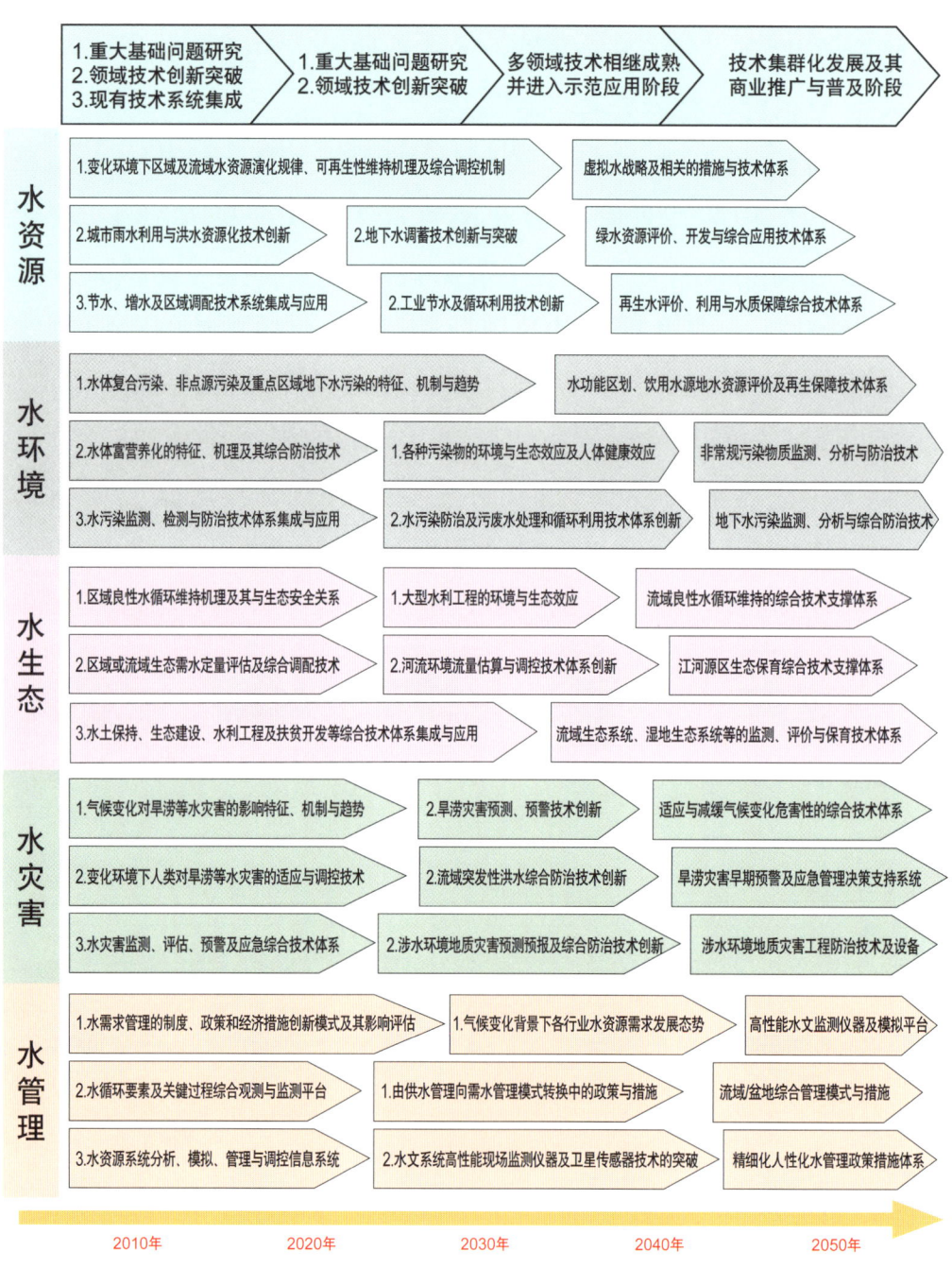

图3-4　中国至2050年水资源领域科技发展路线图

在水资源、水环境、水生态、水灾害、水管理等方面系统认知的基础上,重点解决三大科学问题,突破五项关键技术,建设三个综合集成平台。具体安排是:2020年前后,以提高水资源利用效率与改善水质和保证水的安全供给为重点,解决流域水体复合污染机理问题,突破水资源高效与循环利用、水体富营养化的综合防治等技术问题,初步建立水量水质监测与评估、水灾害预警、水需求管理与信息系统等三个综合集成平台。2030年前后,基本解决流域水生态恢复原理及其科学问题,重点突破河流环境流量与调控、突发性重大水灾害综合防治等关键技术,形成我国基于需求管理的水科技管理体系。2050年前后,解决全球变化下的水循环演化规律的科学问题,解决地下水污染治理与生态恢复,实现水的良性循环。详见图3-4。

第二节 先进材料与智能绿色制造体系

先进材料与智能绿色制造体系主要包括先进材料、先进制造和绿色过程三个部分。其总体建设目标是:经过四十多年的努力,完成制造业智能化、绿色化全面升级,实现综合考虑能源资源环境因素的材料全寿命低成本设计和应用,实现资源能源高效清洁循环利用与环境影响的最小化,实现制造系统由人机和谐向以机器为主体的自主运行时代过渡,有效保障我国现代化进程材料与装备的有效供给与高效利用,建立资源节约型、环境友好型社会(表3-2)。

表3-2 中国至2050年先进材料与智能绿色制造体系建设特征与目标

类别	特征	2020年前后	2030年前后	2050年前后
先进材料	材料品质	重要基础原材料对外依存度低于10%,高品质先进材料自给率达到60%	基础原材料制造水平国际领先,高品质先进材料自给率达到90%	高品质先进材料满足国家需求
	材料设计	基本实现功能材料特性的调控与设计	实现结构材料主要性能的多尺度设计与控制	实现材料结构、使役性能与制备的精确设计与控制
	材料寿命	主要基础原材料寿命延长50%	实现材料损伤的精确监控与自修复,材料使用寿命大幅提高	建立基于全寿命成本的材料设计与控制体系
	再生循环利用	高分子材料回收率达40%~50%,可再生材料利用率达10%	重要基础材料循环利用率达30%	重要基础材料循环利用率达50%
先进制造	制造业水平	制造技术对外依存度低于30%	制造技术对外依存度低于20%	制造技术对外依存度低于5%
	装备制造	基本扭转重大装备严重依赖进口的局面	重大装备的研制和生产基本满足需求	具备国际一流的重大装备设计与制造能力
	制造智能化	泛在感知自动化制造广泛应用,使生产效率提高10%以上	建立人机和谐的智能控制与管理制造系统	实现智能机器与自主控制的生产系统
绿色过程	节能与碳减排	制造过程节能30%,碳排放减少20%	制造过程节能50%,碳排放减少50%	建立低碳经济型制造业体系
	资源高效清洁利用	原料损失率减少30%,二次资源循环利用率达50%	原料损失率减少50%,废弃物循环利用率达到70%	原料损失率减少90%,废弃物循环利用率达到90%
	环境影响	制造过程的环境污染得到基本控制	有害废弃物近零排放,基本控制化学环境风险	基本建成循环型社会,消除化学环境风险
	产品绿色设计	建立主要产品全过程绿色设计标准,实现机电、汽车等产品的可拆卸和易回收	绿色设计与产品的应用	普及产品的全过程绿色设计与循环利用

先进材料特征指标现状

材料品质是指材料的力学、物理、化学性质以及加工性能等，综合表现为满足使用需求的能力。目前我国钢铁、水泥等众多基础原材料产量已经是世界第一，但高品质基础原材料大量依靠进口。以钢材为例，我国生产的达到世界水平的高质量钢材不足20%。

材料寿命是指材料从开始服役到性能下降、丧失使用价值所经历的时间周期。目前我国还没有建立材料全寿命周期成本概念，对老龄材料没有采取精确监控和修复措施。

再生循环利用是指对老龄材料或结构进行回收、修复、再制造，实现材料的再利用。我国众多基础原材料循环利用率落后国外发达国家。例如，我国铝再生利用率不足30%，而发达国家已超过50%。

先进制造特征指标现状

目前，我国制造技术对外依存度在50%左右，而大部分发达国家的对外技术依存度都在30%以下。

我国已是世界第三大机床生产国，但重大装备严重依赖进口。以数控机床为例，改革开放以来，我国数控机床产量增加了近200倍，国产数控机床占据国内市场一半，但高档数控机床基本依靠进口。

制造智能化是通过集成传统制造技术、计算机技术和人工智能等技术发展起来的一种新型制造技术与制造（管理）系统。目前，世界制造智能化技术快速发展，我国也开展了相关研究，其中一些技术已在企业运行或试验运行。

绿色过程特征指标现状

节能与碳减排。目前，我国制造过程能耗水平按主要产业产品单位能耗计，较发达国家高20%~60%。

资源高效清洁利用绿色过程是指资源（矿产、油气、生物质）加工转化为产品的过程中，原料利用率高、能耗低、废弃物产生量小的资源可持续利用模式。目前我国资源加工技术的原材料利用效率和二次资源循环利用率都处在国际较低水平，如共伴生复杂矿产资源利用率仅为30%，国外为60%；金属二次资源循环利用率小于30%，国外为76%；年工业废弃物排放量上亿吨。

环境影响此处是指制造过程对环境的作用和导致的环境变化。目前,冶金、化工等工业废渣排放量每年以亿吨计,单位GDP的废水排放量比发达国家高4倍,毒性废弃物的化学风险严峻,制造业导致的资源环境问题已严重制约了经济社会的可持续发展。

产品绿色设计是指产品在生产、使用、回收整个生命周期内都要符合环境影响最小化的要求,对人类生存无害或危害极小,是一种着重考虑产品环境属性的设计。国外已经开展绿色设计研究多年,国内刚刚起步,需加快研发步伐。

为此,必须实施中国至2050年先进材料领域科技发展路线图和智能制造与绿色过程领域科技路线图。

中国至2050年先进材料领域科技发展路线图。重点突破传统材料升级和新型材料研制应用、材料绿色制备加工、材料结构和使役行为的精确设计与控制、材料高效循环利用、材料结构功能一体化、材料分析检测与表征等六个方面的重要科技问题,形成综合考虑资源能源环境因素的材料全寿命低成本设计与应用体系。具体安排是:2020年前后,揭示多尺度多级结构与性能的相关性、材料循环再利用中结构与性能的演变规律和机理,重点突破传统材料性能升级、高品质基础原材料节能制造与低污染制备技术、材料近终型连续加工技术、大型及超大型结构件制造技术、材料基础数据库及专家系统、低成本高性能复合材料制备加工技术、极端条件下材料理化性能测量技术、精确实时宏量分析技术。2030年前后,阐明极端条件下的材料结构–行为关系,实现材料失效过程评估及寿命预测,重点突破节约资源能源的绿色生产流程、极端条件下的材料制备与处理技术、材料智能化制备与加工技术、废弃材料低成本高值化再利用技术、器件自组装与设计方法、材料结构功能一体化设计、制造过程的在线监测与控制技术,实现新型能源信息生物材料、纳米材料及结构的工程应用。2050年前后,实现材料组织性能与使役性能的精确设计与控制和生态设计,重点突破材料分子原子层次加工技术、宏量实时原位分析表征技术、材料与结构的自我诊断与自修复技术,实现低成本智能材料、仿生材料、环境友好材料的应用。详见图3-5。

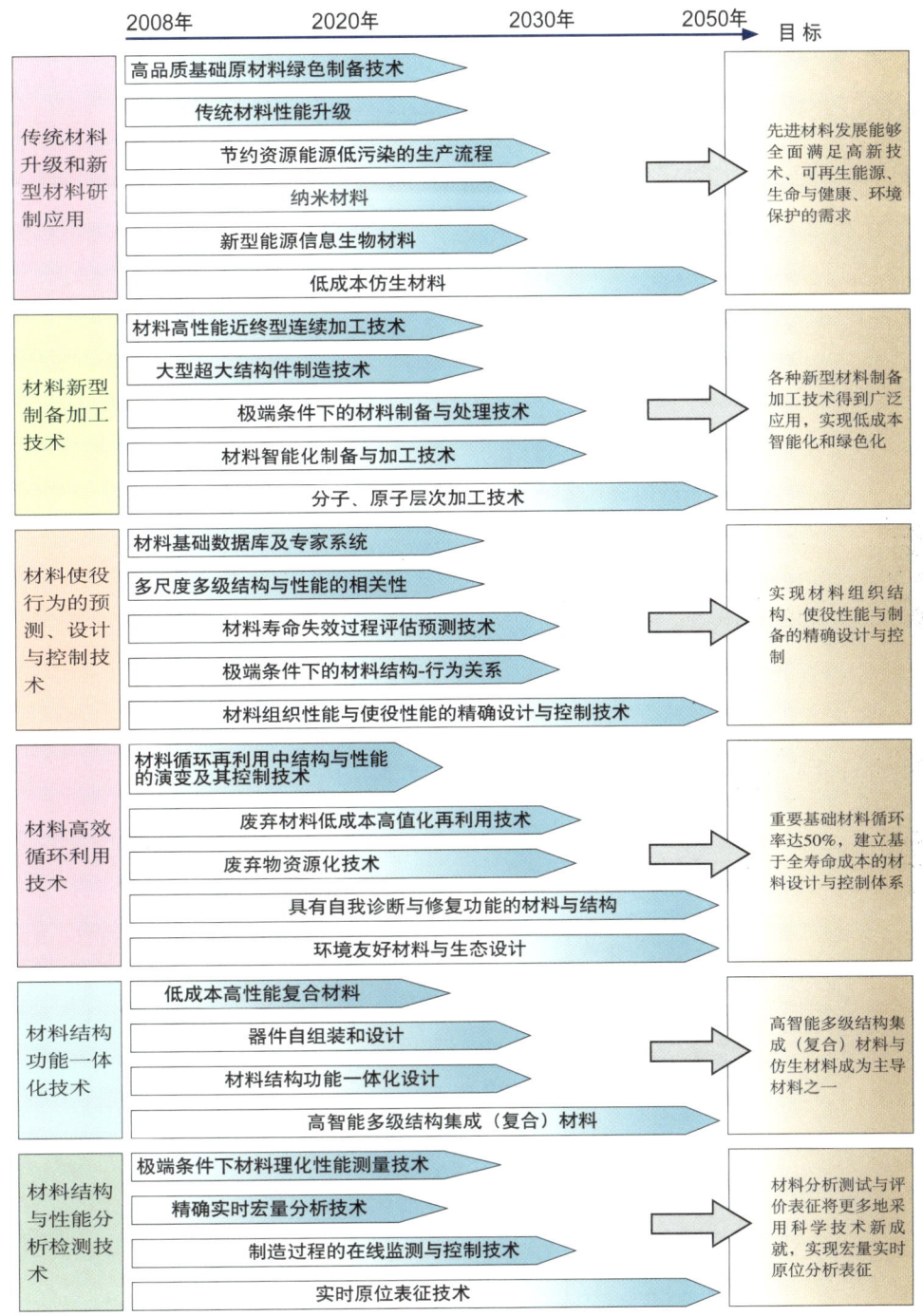

图3-5 中国至2050年先进材料科技发展路线图

中国至2050年智能制造与绿色过程领域科技路线图。围绕智能制造和绿色过程,重点解决物质高效转化和工程放大、海量制造信息处理模式和与智能制造方法等两个核心科学问题,突破资源高效清洁循环利用、绿色产品设计、重大装备设计与制造、智能控制等四个方面的关键技术,推动相关技术的商业化应用。具体安排是:至2020年,揭示资源高效利用的物质转化多尺度机制和工程放大原理,重点突破新反应介质替代技术,高效绿色催化技术,资源循环与过程环境技术,过程量化放大与生态工业/循环经济系统集成技术,机电、电子和汽车产品可拆卸易回收技术等,研发过程强化与先进反应分离设备。

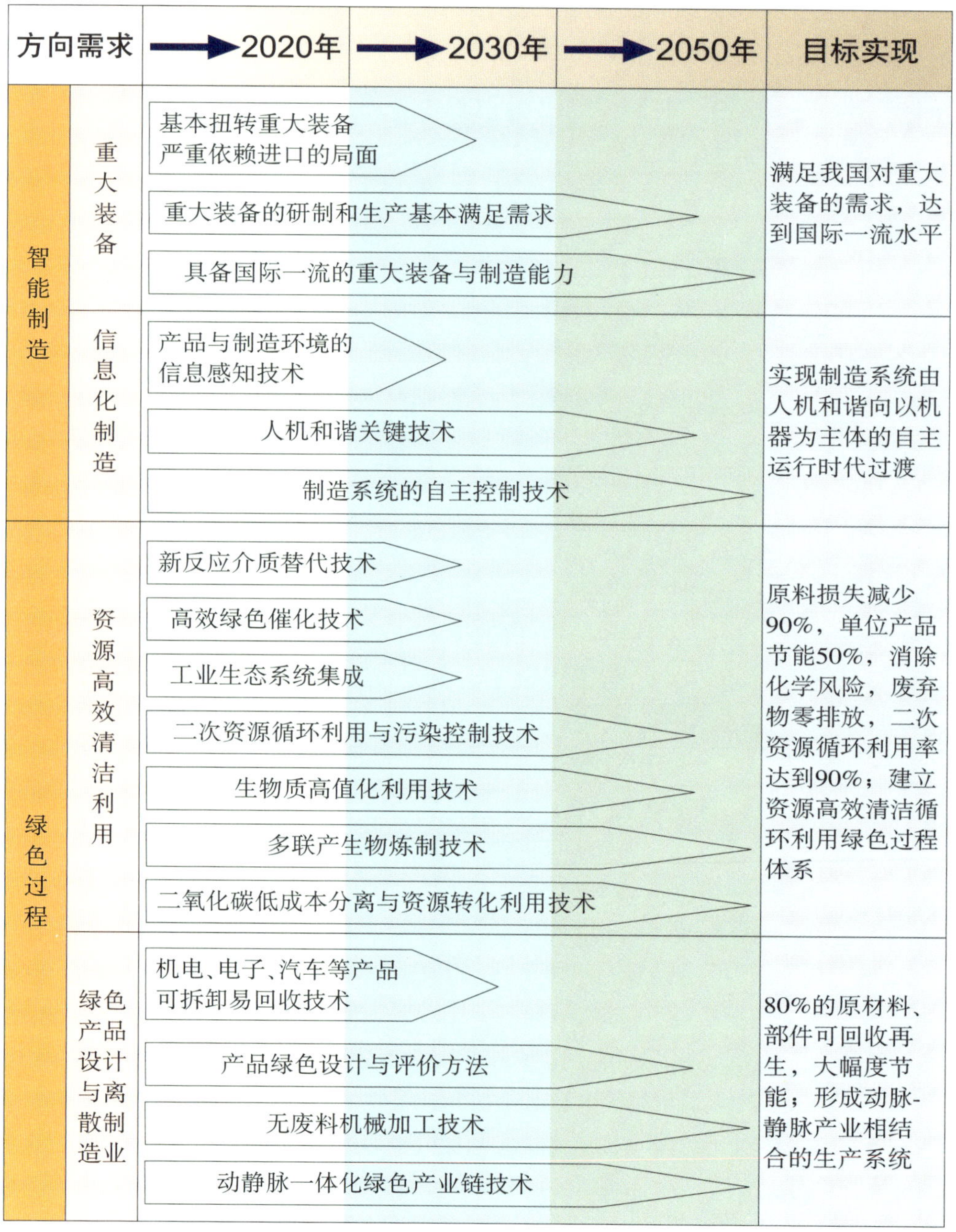

方向需求		2020年	2030年	2050年	目标实现
智能制造	重大装备	基本扭转重大装备严重依赖进口的局面			满足我国对重大装备的需求,达到国际一流水平
		重大装备的研制和生产基本满足需求			
			具备国际一流的重大装备与制造能力		
	信息化制造	产品与制造环境的信息感知技术			实现制造系统由人机和谐向以机器为主体的自主运行时代过渡
			人机和谐关键技术		
				制造系统的自主控制技术	
绿色过程	资源高效清洁利用	新反应介质替代技术			原料损失减少90%,单位产品节能50%,消除化学风险,废弃物零排放,二次资源循环利用率达到90%;建立资源高效清洁循环利用绿色过程体系
		高效绿色催化技术			
		工业生态系统集成			
		二次资源循环利用与污染控制技术			
			生物质高值化利用技术		
			多联产生物炼制技术		
			二氧化碳低成本分离与资源转化利用技术		
	绿色产品设计与离散制造业	机电、电子、汽车等产品可拆卸易回收技术			80%的原材料、部件可回收再生,大幅度节能;形成动脉-静脉产业相结合的生产系统
		产品绿色设计与评价方法			
			无废料机械加工技术		
			动静脉一体化绿色产业链技术		

图3-6 中国至2050年智能制造与绿色过程领域科技发展路线图

突破重要装备的可预测性维护技术和产品与制造环境的信息感知技术。至2030年,建立产品绿色设计与评价方法,突破大宗废弃物二次资源循环利用与污染控制技术,生物质高值化利用技术。完善产品可靠性设计方法,突破机器与人相互适应的关键技术,建立以人为主要决策核心的人机和谐系统。至2050年,建立资源多级循环优化利用方法体系,广泛应用产品绿色设计与全生命周期评价,突破多联产生物质加工炼制技术,二氧化碳低成本分离与资源转化利用技术、离散制造业的无废料机械加工技术,动静脉一体化绿色产业链技术,形成循环社会和低碳经济新模式的先进技术体系。突破制造装备的自主控制技术,形成智能制造系统。详见图3-6。

第三节　无所不在的信息网络体系

无所不在的信息网络体系主要包括信息技术普及度、网络能力、信息服务能力,其总体建设目标是:经过四十多年的努力,使我国全面进入信息社会,社会信息化总体上接近当时的发达国家水平(表3-3)。

表3-3　中国至2050年无所不在的信息网络体系建设特征与目标

类别	特征	2020年前后	2030年前后	2050年前后
信息技术普及度	终端普及	计算机拥有量超过5亿台,新型终端普及率超过50%	泛在终端普及率超过80%	几乎人人都有信息终端,几乎所有需要联网的设备都是信息终端
	网络普及	网民超过6亿 其中农村网民达3亿	网民超过10亿 传感网在城乡普及	信息网络像电力一样普及,数字鸿沟几乎消除

表3-3（续）

类别	特征	2020年前后	2030年前后	2050年前后
网络能力	有线网	局域网带宽将超过100Gbps，用户接入速率可达1Gbps	建成超越TCP/IP的未来网络、城域量子保密通信系统	带宽各取所需，实现基于量子密码的全球实用安全通信网络
	无线网	用户带宽超过100Mb/s，移动互联网蓬勃发展	实现空、天、地、水一体化通信融合	具有感知和认知能力的分布自治的无线通信系统
	传感网	在物流、医疗监护、环保、防灾等领域普及传感网络	传感器终端达到数千亿个	传感"尘埃"无处不在
信息服务能力	服务端资源	域名达8 500万个，网站超过1 400万个，服务器总量超过6 000万台	泛在的网络专业服务，信息服务资源极大丰富	个性化、智能化信息服务成为主流
	网上信息内容	中国网页总数超过3 300亿个	网上中文信息内容占全世界网上信息总量的10%	人均1TB的个性化网上信息
	信息产业规模和质量	信息产业年收入超过15万亿元，自主创新能力明显增强	建立自主可控的信息技术平台，信息产业实现能耗和排放零增长	数据和知识产业成为支柱产业之一

信息技术普及度特征指标现状

终端普及。信息系统一般由处理、存储信息的服务器和直接与使用者打交道的信息设备组成，后者称为信息终端。历史上信息终端已经历了字符终端、图形终端到网络终端三个阶段。网络终端泛指一切可以接入网络的人机交互设备，如个人计算机、可上网手机、网络电视、PDA等。终端普及率可以按家庭统计，如每百户计算机拥有率等，本文的终端普及率按人均计算。根据2007年《中国统计年鉴》，2007年我国城镇居民计算机拥有量达到53.8台/百户，农村居民计算机拥有量为3.7台/百户，数字鸿沟巨大。据工业和信息化部统计，至2008年11月，我国的手机用户数量已达到6.34亿，人均普及率达到47.3%。据CNNIC统计，到2008年底，我国手机上网用户总数超过1.176亿。

网络普及。网络普及率指上网的人数（网民）占总人口的比例，它是一个国家或地区信息化水平的重要标志之一。据CNNIC统计,截至2008年底,我国互联网普及率达到22.6%,超过21.9%的全球平均水平,但离发达国家约70%的网络普及率还有相当大的距离。到2008年底,我国网民数达到2.98亿(其中农村网民达8460万),宽带网民数达到2.7亿,国家CN域名数达到1357.2万个,这三项指标都居世界第一位。

网络能力特征指标现状

有线网。有线网是采用双绞线、同轴电缆或光纤等导线连接构成的网络,包括计算机网络、有线电视网、电话网等。世界上最大的有线网络是国际互联网。2008年我国互联网国际出口总带宽达到640Gbps,90%以上的用户已使用xDSL、Cable Modem、光纤等宽带上网,但单个用户实际接入速度往往不到200Kbps,远低于发达国家。我国普及率最高的有线网是有线电视网,用户已经达到1.6亿。充分发挥有线电视网的优势,推进三网融合是我国推进信息化的重要举措之一。

无线网。无线网是利用无线电波作为信息传输媒介构成的网络,包括移动通信网(手机网)、计算机无线接入网、无线广播网等。无线网络的优点是使用上的机动性和便利性。国际发展趋势是无线接入的宽带化、广播频段的再分配和计算机、通信和电视广播网的融合。中国拥有世界上最大的移动通信网络。我国的移动通信主要采用GSM制式(第二代移动通信),工作带宽为25 MHz,载频间隔为200 KHz,手机上网实际速度往往不到100Kbps,目前我国正处于第三代移动通信导入阶段。第三代移动通信共有三个国际标准(WCDMA、CDMA2000、TD-SCDMA),其中TD-SCDMA由中国为主提出,由中国移动建网。计算机无线接入网络主要制式有WiFi和WiMax。

传感网。传感器通常是由大规模随机分布的传感器终端、机站以及信息监控中心构成的信息系统。传感网是未来信息网络的重要组成部分,国际上已经启动传感网的标准化进程。目前我国已开始在军事、公共安全、环境监控、生命健康、控制等领域构建小规模的传感网,取得初步应用成果。

信息服务能力特征指标现状

服务端资源。一个国家的域名、网站和服务器的总数可以从一个侧面反映网络的服务能力。截至2008年底,我国域名总数达1682万个,网站总数达288万个,2008年我国国内共销售PC服务器67.75万台。我国高性能计算机的研制水平已进入世界前列,曙光超级计算机两次进入世界超级计算机前10名。但是,我国的服务器总拥有量,特别是人均服务器拥有量大大低于国外。

网上信息内容。目前网上的信息内容主要通过网页的形式浏览,但用一般的浏览器看不到的信息总量(如未公开的数据库等,称为深层信息)远远多于网页上的信息。截至2008年底,国内网页总数已超过160亿个,较2007年增长90%。近几年,随着Web2.0技术的流行,个人网站迅速增加。截至2008年底,中国博客作者已经达到1.62亿。

信息产业规模和质量。信息产业已成为我国的支柱产业。2007年我国电子信息产业销售收入5.6万亿元,增加值1.3万亿元,电信运营收入7280亿元。据信息产业"十一五"规划,到2010年,我国信息产业总收入将达到10万亿元(包括电信业收入8860亿元),增加值达到2.6万亿元,占GDP的比重达到10%。目前我国信息产业大而不强,基本上处在产业链的下游,自主创新能力不强。

中国至2050年信息科技发展路线图。发展泛在的信息科学技术,构建泛在的信息网络,重点围绕无处不在的网络信息技术应用,信息基础设施升级换代,信息器件、设备与软件的变革性突破,新信息科学与前沿交叉科学等四个层次进行战略安排:2020年前后,突破低成本器件和系统设计技术,物理世界的新型感知机理、语义检索和分析技术等。发展可扩展、高可信的下一代互联网和自组织的无线传感网络,积极推进三网融合。按照延续、扩展和跨越摩尔定律三条途径发展微电子技术和新型信息器件,突破多核芯片设计、片上光互联和片上大规模光计算、艾级(10^{18})超级计算技术等。突破网络科学、分布式交互算法设计理论、大规模工业软件、自然的人机界面、蛋白质结构预测等;构建"平行社会"系统。2030年前后,突破网络信息理论、网络算法理论、网络计算模型等。建立可持续网络服务体系,突破低功耗芯片和系统设计、实用的知识本体与知识网格技术等。实现超越TCP/IP的未来网络和具有感知与认知能力的无线通信系统,突破分组交换的全光网络技术等。突破纳米、量子等变革性器件和电路技术,实现泽级(10^{21})超级计算,软件开发成本平均

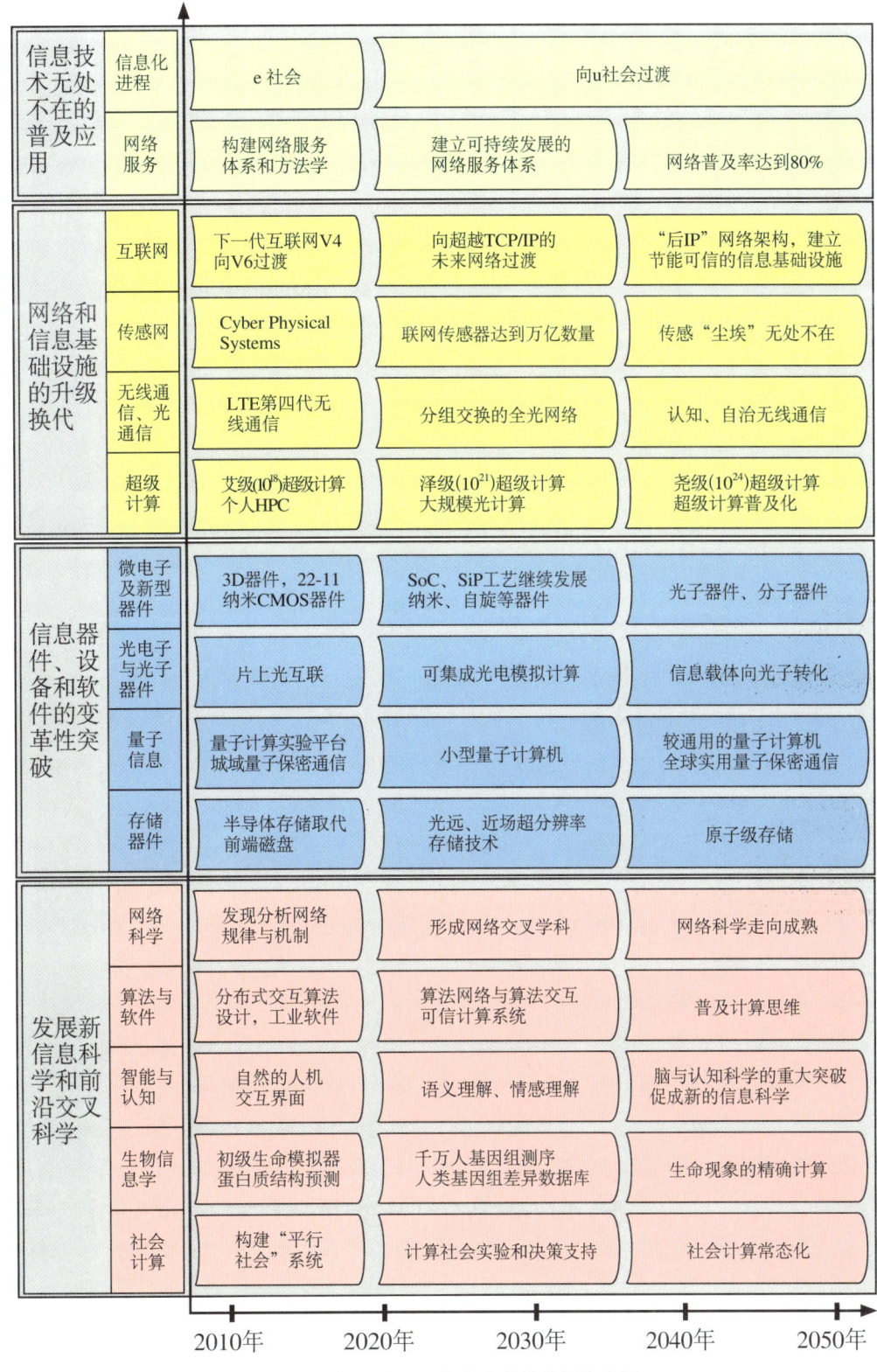

图 3-7 中国至 2050 年信息科技发展路线图

每两年降低 50%。突破可信计算系统、情感理解技术等；构建人类基因组差异数据库。2050 年前后，建立普适的信息科学，计算成为自然系统、人造系统、社会系统领域的基本思维方式；构建可持续发展的计算基础设施和应用服务；继计算与网络融合、计算与物理系统融合之后，脑科学与认知科学取得重大突破，实现计算与智能的融合，形成较成熟的信息科学。详见图3-7。

第四节　生态高值农业和生物产业体系

生态高值农业和生物产业体系主要包括农产品安全、可持续农业、智能农业和高值农业等四个方面，其总体建设目标是不断满足国内日益增长的农产品总量需求、质量、安全和多功能需求。经过四十多年的努力，全面实现农产品优质化、营养化、功能化，实现农业的信息化、数字化、精准化，建成农业高值转化的产业体系，形成生态系统持续良性循环、景观优美、功能多样、城乡一体的新型农业（表3-4）。

表3-4　中国至2050年生态高值农业和生物产业体系建设特征与目标

类别	特征	2020年前后	2030年前后	2050年前后
农产品安全	数量	粮食自给率95%以上，其他农副产品基本自给	肉蛋奶等人均占有量增加60%	肉蛋奶等人均占有量增加1倍以上
	质量	获得80~100个高营养与特定功能品种，生产和加工等环节的污染得到完全控制	具有高营养和功能型特征的优质农产品所占比例提高到20%以上	全面实现农产品优质化、营养化、功能化，高营养及功能型农产品所占比例提高50%以上
可持续农业	生态农业模式	建立不同区域结构合理、功能稳定的模式	主要农区的生态系统结构得到优化	实现农业生态系统持续良性循环
	农业清洁生产	实现化肥和农药适量使用，开始应用可降解农膜	化肥和农药用量减少10%~15%，可降解农膜等广泛应用	多功能安全高效肥料占30%，生物农药用量占30%
	土肥水光利用效率	稻、麦等作物光能利用率提高到1.2%，土肥水综合利用率提高10%	稻、麦等作物光能利用率提高到1.5%，土肥水综合利用率提高20%	稻、麦等作物光能利用率提高到2%，土肥水综合利用率提高30%

表3-4（续）

类别	特征	2020年前后	2030年前后	2050年前后
智能农业	生产流通全程信息服务	覆盖到县级	覆盖到乡村	覆盖到每个生产和流通单元
	主要农田信息综合监测系统	实现中国及全球遥感估产和各种灾情遥感监测，建立农业资源数据库	实现主要农作物品质遥感监测、各种灾情预测、农业资源（水土林草）动态监测	基本实现中国范围、部分内容实现全球范围农业资源的动态监测和预报
	生产过程精准管理	90%大型温室设施农业、50%的禽、畜、鱼大型人工养殖场、东北和新疆20%的种植业实现单项或多项作业精准化，黄淮海平原、长江中下游大面积试点	80%的禽、畜、鱼大型人工养殖场、东北和新疆40%的种植业实现精准化作业，黄淮海平原、长江中下游20%精准化作业，其他地区开始试点	智能温室、人工养殖业基本实现精准化管理，东北和新疆70%的种植业实现精准化作业，黄淮海平原、长江中下游40%精准化作业，其他地区20%精准化作业
高值农业	分子设计育种	形成分子育种技术体系，实现对多个性状的分子改良，分子育种品种的数量增加一个数量级以上	实现对特定性状的分子设计，经过分子改良和分子设计的品种所占比例达到30%以上	创制出智能品种
	农业生物质资源	获得50~100个新生物质能源新品种、新种质，每年生产乙醇和生物柴油2000 t	形成生物质资源相关产业群，每年生产乙醇和生物柴油5000万t	每年生产乙醇和生物柴油1亿t
	高值转化	形成生物基为原料的高附加值产品的研发体系	形成营养保健品、天然化妆品、酶制剂等产业群	形成农业高值转化的产业体系
	服务型农业	初步建立集休闲、观光、教育、文化于一体的服务型农业产业	围绕大中城市，形成服务型农业产业群	形成景观优美、功能多样、城乡一体的服务型农业产业体系

农产品安全特征指标现状

目前,我国粮食基本自给,其他农产品的进口总量与出口总量基本平衡。我国农产品质量以自然携带的营养组分的动植物品种为主体,缺乏人工设计和创制的高营养与特定功能品种,主要包括高蛋白、高优质不饱和脂肪酸、高维生素含量,以及具有防治心血管疾病、高血压、高血脂、糖尿病、贫血病、衰老等功效的动植物品种,同时生产和加工等环节受到污染。

可持续农业特征指标现状

农业生态模式是指利用生态过程原理,建立采用现代科技、现代装备和现代管理的农业综合生产体系。其目标是持续提高土壤肥力和生产率,协调生态环境保护和资源利用,实现高产、优质、高效、低耗。它主要包括三种类型:(1)以"食物链"原理为依据发展起来的良性循环多级利用型模式;(2)根据生物群落演替原理发展起来的时空演替合理配置型模式;(3)在生态经济学原理指导下的系统调节控制型模式。目前我国生态农业初具规模,覆盖10%左右,没有成为农村经济发展的基本模式;模式多样,经营规模小,劳动投入高,产业化和商品化水平不高,技术体系不完备。

目前,我国化肥和农药过量使用20%以上,可降解农膜处于研制阶段,稻、麦等作物光能利用率1%,土肥水综合利用率低下。

智能农业特征指标现状

目前,我国生产流通全程信息服务覆盖到省级和部分农业企业,主要农区遥感估产、遥感旱情监测、洪涝雪灾灾情监测、测土配方施肥等正在全国展开,并正在开展生产过程精准管理试点。

高值农业特征指标现状

分子设计育种是基于对关键基因或数量性状遗传位点功能的认识,利用分子标记辅助选择技术、全基因组上定点诱导突变技术和安全的转基因技术等,创制优异种质资源(即设计元件),根据预先设定的育种目标,选择合适的设计元件,进行有序的多基因组装,从而实现对复杂性状进行的设定性改良的育种技术。目前,我国已通过少量目的基因的转移和分子标记的跟踪实现了对单一性状的分子改良,极少数的分子育种品种得到应用,多数尚处于试验和验证阶段。

智能品种是指基于全基因组的基因时空表达、翻译、修饰的调控技术,人工创制出的具有感知生态环境中各因子的变化,并能按人为的设定,主动、及时和适量地启动或改变相应的代谢途径以适应生态环境变化、维持最佳生长发育状态,从而高效地生产出符合人类消费需求、保护生态环境的品种。

农业生物质资源。目前,我国尚处于生物质核心种质的分布、筛选、培育及其加工工艺和设备研究阶段。

高值转化是以具有特定组分的生物基为原料,通过工业化加工获得高附加值产品的研发过程。目前,我国仅有以动植物产品为原料进行简单开发的单项技术,缺乏成熟的技术体系和高值产品。

我国的服务型农业在大部分城市的郊区有所发展。

中国至2050年农业和生物产业科技发展路线图。重点围绕植物种质资源与现代育种、动物种质资源与现代育种、资源节约型农业、农业生产与食品安全、智能化农业等五个方面,解决重要与关键科技问题,并实现试验示范应用。具体安排是:2020年前后,建立动植物生态群落、种质资源和特殊资源数据库共享平台,突破分子标记技术、有特殊价值的动植物种质资源利用技术和安全转基因技术;建立动植物安全和耕地安全预警与监测网络,突破耕地保育技术、灌溉施肥技术以及新肥料技术等资源节约高效利用的关键生产技术;完成农业信息多功能网络平台,实现农业信息服务的网络化。2030年前后,绘制各类动植物资源分布和种群动态预测图,突破动植物分子设计育种技术和动物克隆技术;建立动植物病虫害预警动力学模型、智能专家系统及动植物系统获得性免疫机制的理论体系;突破环境友好和多功能的动植物产品生产关键技术;实现主要区域的农业信息服务网络化、生产数字化管理,达到智能化精准管理。2050年前后,通过分子设计育种技术和基因组信息技术的交叉,实现对个体实行全基因组优化组装;挖掘动植物的特殊功能基因,开发能够对环境进行快速响应的智能动植物新品种;建立动植物病虫害的"主动安全防御"体系,达到先发治"病"精确控制的目的;实现农业资源管理的数字化、网格化和动植物生产过程精准管理。详见图3-8。

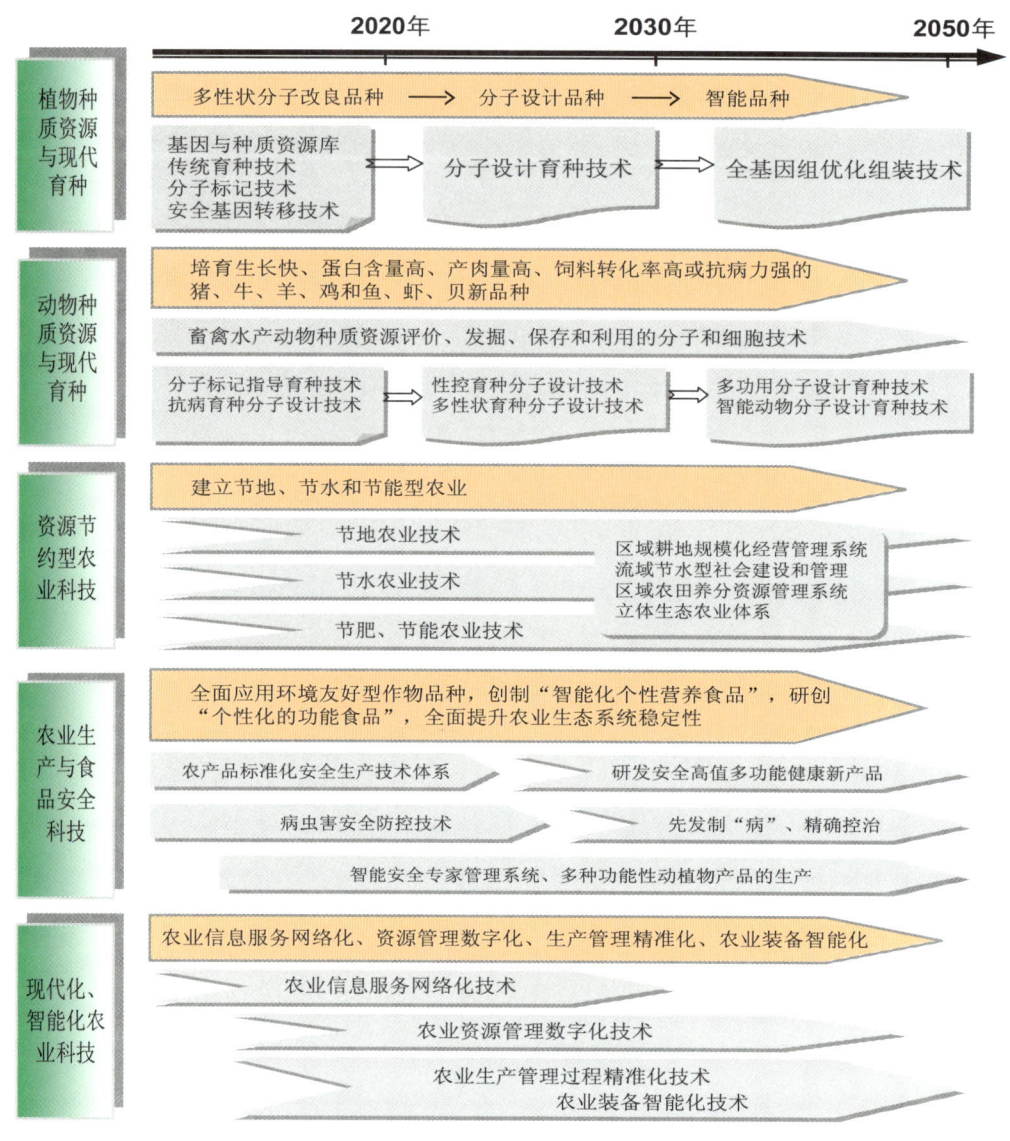

图3-8　中国至2050年农业和生物产业科技发展总体路线图

第五节　普惠健康保障体系

普惠健康保障体系主要特征是：以预防和控制重大慢性病为核心,将抗击疾病的重心前移,推动医学模式由疾病治疗为主向预测干预为主转变,由单一的生物医学模式向"生物-环境-心理-社会"的会聚医学模式转变,形成世界先进水平的生物安全、食品安全、健康营养生活方式的科技保障系统,建立中国特色突发公共卫生事件及生物防范体系,实现全民身体健康进而达到身心的全面健康。形成以创新药物研发和先进医疗设备制造为龙头的规模化医药研发产业链,大幅提升我国生物医药产业的国际竞争力,成为生物医药产业强国(表3-5)。

表3-5 中国至2050年普惠健康保障体系建设特征与目标

类别	特征	2020年前后	2030年前后	2050年前后
人口控制与生殖健康	平均寿命	75岁	80岁	85岁
	出生缺陷率	低于4‰	低于2‰	低于1‰
	人口规模	14.3亿左右	15.4亿左右	15亿左右
重大慢性病防	方式	疾病治疗为主	主动预防为主	健康管理为主
	效果	显著提升早期诊断率,降低致死致残率	明显降低发生率,遏制早发趋势	明显推迟重大慢性病的发生年龄
传染病与生物安全	多发传染病	有效遏制中国人群多发传染病	显著降低多发传染病的发生、发展和危害	基本消灭已知多发传染病
	新生疾病	建立禽流感等监测和快速反应系统	建立新生疾病快速识别和控制系统	建立主动控制新生疾病发生和传播的防御系统
营养与食品安全	营养	消除营养不良,改善营养结构	建立中国人群营养标准,提供新型的功能食品	普及科学的营养方式
	食品安全	建立高效精确的食品安全监测系统	实现食品生产全过程安全管理	实现食品消费全周期安全管理
生物医药产业	生物医药	满足大众对廉价的基本药物需求,研发一批重大创新药物	实现组织和器官再生的实际应用,实现中药现代化	生物医药产业具备强大国际竞争力
	医疗器械	初步改变高端医疗器械依赖进口的局面	形成高端医疗器械自主研发能力	基本满足国内对高端医疗器械的需求

人口控制与生殖健康特征指标现状

据国家统计局《2007年国民经济和社会发展统计公报》,2007年年末,全国总人口为132 129万人。据《2008年世界卫生统计报告》,2006年我国男性和女性的平均寿命分别为72岁和73岁。

出生缺陷率。出生缺陷俗称"先天畸形",指婴儿在出生之前,在母体子宫里就发生的发育异常和存在于身体某些部位的畸形。有些出生缺陷在婴儿出生时肉眼可见,称为畸形,如兔唇、手脚缺失、多指等。有些异常肉眼看不到,随着儿童生长发育才逐渐显露出来,如单纯的智力低下、白痴、进行性肌营养不良等。新生儿出生缺陷率,是指某一年某国家(地区)出生的有出生缺陷的人数占该国家(地区)该年出生人口总数的比例。据《中国提高出生人口素质、减少出生缺陷和残疾行动计划(2002—2010)》报告,我国出生缺陷率约为4%~6%,每年有20万~30万肉眼可见先天畸形儿出生,加上出生后数月和数年才显现出来的缺陷,出生缺陷儿童总数高达80万~120万。

重大慢性病防治特征指标现状

据世界卫生组织2006年《防慢性病——一项至关重要的投资》报告,慢性病造成的死亡人数已占人类死亡总数的60%,且呈迅速增加之势,今后10年将增加17%。慢性病造成的经济损失更是惊人,估计我国未来10年内,仅由于心脏病、中风和糖尿病导致过早死亡的国民收入损失将高达5580亿美元。

据卫生部疾病预防控制局和中国疾病预防控制中心2006年《中国慢性病报告》,慢性病已成为我国城乡居民死亡的主要原因,城市和农村慢性病死亡的比例分别高达85.3%和79.5%,许多贫困县也已达到60%。1992~2002年,我国居民超重和肥胖患病人数增加了1亿,其中18岁以上成年人超重和肥胖率分别上升40.7%和97.2%。2002年,我国大城市、中小城市和农村18岁居民糖尿病患病率分别达到6.1%、3.7%和1.8%,估计全国有糖尿病患者2346万,空腹血糖受损者约1715万。高血压已经成为我国居民健康的头号杀手,我国18岁及以上成年人高血压患病率为18.8%,全国有高血压患者1.6亿,其中18~59岁的劳动力人口中,有1.1亿人患病。2003年因恶性肿瘤、脑血管病、心脏病、高血压及糖尿病等五种慢性病两周就诊患者中,劳动力人口约占一半。抗击慢性病对我国人民健康和社会的危害已经刻不容缓,应构建重大慢性病防治体系,提高疾病的早期诊断率,降低疾病的致死率。

传染病与生物安全特征指标现状

多发传染病。传染病是指由病原体引起的能在人与人、或动物与动物、或人与动物之间相互传染的疾病。它不仅危害患者本人生命健康,而且其传播乃至暴发流行给社会造成巨大危害。那些具有多发性和传染性范围广的传染病称为多发性传染病。各国都对传染病实施严格的控制和管理。我国制定了传染病防治法规,将35种传染性疾病列入监测管理,如流行性感冒、病毒性肝炎、细菌性痢疾、流行性脑炎、结核病、急性出血性结膜炎、鼠疫、霍乱、艾滋病、传染性非典型肺炎等,建立了多发传染病防治的体系和机制,基本遏制了中国人群的多发传染病。

新生疾病。人群中新出现的疾病叫做新生疾病,有时也把再次暴发的疾病归入其范畴,如禽流感。目前我国正筹备建立新生疾病的检测和控制系统。

营养与食品安全特征指标现状

据2002全国营养与健康调查,我国居民食物质量和营养摄入有较明显的改善,但营养不良的矛盾仍然突出,表现为营养缺乏和营养失衡并存且比较严重,以及与之相关的慢性疾病快速增长。

食品质量安全状况是一个国家经济发展水平和人民生活质量的重要标志。据《中国的食品质量安全状况》白皮书,我国政府立足从源头抓质量,食品质量总体水平稳步提高,食品安全状况不断改善。但是,各种食品公共安全事件时有发生,建立更加严格和高效精确的食品安全保障体系十分迫切。

生物医药产业特征指标现状

据2006年《中国生物技术产业发展报告》,我国医药工业总产值仅占全国工业总产值的2%左右,占全球医药业总产值的7%左右;医药创新能力低,97%以上药品为仿制外国的品种,生物医药产业国际竞争力不强。高端医疗器械主要依赖国外进口,缺乏高端医疗器械的自主研发能力。

中国至2050年人口健康科技发展路线图。其核心任务是建设生物医学研究体系，解决四个重大科学问题，突破若干关键技术。具体安排是：2020年前后，基本建成基础研究和临床应用研究整合的转化型研究体系。重点解决中国人群重大慢性病遗传与环境因素相互作用、重大传染性疾病的传播和感染机制等重大科学问题。突破重大慢性病的早期诊断新方法和新技术、新一代的人口控制技术以及生殖健康检测技术、针对食源性疾病和食物中毒的快速、便携和准确的食品安全检测技术，构建常见传染病和新发传染病的快速检验技术和诊断平台，初步形成中西融合的创新药物研发体系，突破干细胞大规模培养和定向诱导分化技术。2030年前后，基本建成现代生命科学与中国传统医学融合的系统生物医学体系。重点解决个体发育过程的分子与细胞调控机制的重大科学问题。突破大动物转基因与体细胞克隆技术、异体生产用于器官移植的人体器官再生技术、生殖健康干预技术。发展对重大慢性病发生的药物干预和营养干预的新技术。建成高等级生物安全实验室和标准检测实验室网络，建成先进食品安全监测网络。发展个性化药物治疗新技术，突破基于合成生物学技术的现代生物技术。2050年前后，建成"生物-环境-心理-社会"相融合的会聚医学体系。重点解决脑和行为的基本过程与认知障碍等重大科学问题。突破神经和精神疾病在体分子标记及功能影像技术，建成网瘾生物识别监控和治疗系统。建立全国u–临床研究网络和生物医学数据库，建立适合中国人群遗传背景的科学营养的生活方式。建立集成先进器械技术、纳米生物医学技术、微创技术、器械与药物组合技术等的新一代生物医疗技术体系。详见图3-9。

目标：形成新型生物医学体系

- 转化型研究体系
- 系统生物医学体系
- 会聚医学体系

目标：实现人口控制与生殖健康

- 新型人口控制技术
- 生殖健康检测技术
- 生殖健康干预技术
- 新型辅助生殖技术

目标：降低重大慢性病的发生和危害

- 中国人慢性病遗传相关因素发现技术
- 慢性病发生的早期诊断技术
- 大动物转基因与体细胞克隆技术
- 慢性病干预技术
- 异体生产用于器官移植的人体器官再生技术
- u-临床研究网络和生物医学数据库
- 在体分子标记及功能影像技术
- 网瘾生物识别监控和治疗技术

目标：完善生物安全体系和食品安全体系

- 传染病快速反应技术
- 食品安全快速检测技术
- 生物安全实验室网络
- 先进食品安全监测网络
- 中国人营养健康标准及其技术支撑

目标：提高药物研发与生物产业的创新能力

- 中西融合的创新药物研发体系
- 干细胞大规模培养和定向分化技术
- 个性化药物治疗新技术
- 基于合成生物学技术的现代生物技术
- 新一代生物医疗技术体系

2020年　　2030年　　2050年

图3-9　中国至2050年人口健康科技发展路线图

第六节　生态与环境保育发展体系

生态与环境保育发展体系主要包括全球气候变化应对、流域环境质量、城市环境质量、生物多样性与生态系统等四个方面。其建设目标是：2020年前后基本遏制我国生态与环境退化的趋势；2030年前后实现典型退化生态系统的恢复和污染环境的修复；2050年前后实现环境优美、生态健康，达到发达国家中等水平（表3-6）。

表3-6 中国至2050年生态与环境保育发展体系建设特征与目标

类别	特征	2020年前后	2030年前后	2050年前后
全球气候变化应对	气候变化监测体系	初步建立我国气候系统不同分量的地基和空基的监测体系	建成完整的我国气候系统监测体系，满足我国不同领域对气候信息的需求	实现我国气候系统变化的科学预测
	对我国人与自然关系的影响	初步给出气候变化对气象灾害、水资源和农业的影响范围和强度	提出我国在防灾减灾、水资源、生态系统以及农业等领域适应气候变化的应对和系统解决方案	有效实施应对气候变化的主要解决方案，并见到明显成效
	气候变化外交谈判	适时提供支撑我国气候变化外交谈判的关键数据与事实	提出气候变化趋势和人类适应以及减缓的系统的科学观点	支撑我国在气候变化外交谈判中占据主动地位
流域环境质量	河流	重点流域河流水环境质量明显改善，目标污染物削减50%以上，河流水质提高一个等级	全国主要河流水环境质量得到根本改善，目标污染削减80%以上，水体水质达到或接近三类	全国90%以上河流水体水质达到并稳定在三类，河流生态系统完整性基本形成
	湖泊	目标污染物削减50%以上，富营养化趋势得到有效控制，水体水质提高一个等级	目标污染物削减80%以上，富营养化湖泊减少70%以上，重点湖泊水体水质达到或稳定在三类	目标污染物削减90%以上，形成健康的湖泊生态系统，90%以上湖泊水体水质达到或优于三类
	面源污染	农田氮磷面源污染去除率达60%，有效开展有毒化学品面源污染控制研究	农田氮磷面源污染去除率达80%，有毒化学品面源污染物去除率达50%	农田氮磷面源污染去除率达95%，有毒化学品面源污染物去除率达75%

表3-6（续）

类别	特征	2020年前后	2030年前后	2050年前后
城市环境质量	水环境质量	污水处理率达到85%，污水回用率达到40%，城市水环境功能区水质达标率达到90%	污水处理率达到95%，污水回用率达到60%，城市水环境功能区水质达标率达到95%	污水处理率达到100%，污水回用率达到80%，城市水环境功能区水质达标率达到100%
	大气环境质量	地级及以上城市（含地、州、盟首府所在地）空气质量达到国家二级标准的城市占70%	地级及以上城市（含地、州、盟首府所在地）空气质量达到国家二级标准的城市占85%	地级及以上城市（含地、州、盟首府所在地）空气质量达到国家二级标准的城市占95%
	固体废弃物与污染场地修复	工业固体废弃物综合利用率>75%，大力开展污染场地修复研究	工业固体废弃物综合利用率>85%，污染场地修复率达40%	工业固体废弃物综合利用率>95%，污染场地修复率达65%
生物多样性与生态系统	退化生态系统的恢复	草地生态系统指标到达建国初期的水平，荒山、废弃地、边际土地的人工绿化覆盖面积达到50%	北方草地生产力水平达到最佳；植被盖度达到最大盖度的90%以上	恢复率达到100%，形成健康稳定的生态系统
	脆弱生态系统的保育	基本遏制主要地区的生态退化趋势	沙化土地面积减少15%，自然保护区面积/国土面积达到20%	沙化土地面积减少30%
	濒危物种的保护	易地保护达到80%，就地保护达到50%，自然保护区面积/国土面积达到17%	易地保护达到90%，就地保护达到70%，建设生态走廊	易地保护达到100%，就地保护达到90%，实现濒危物种回归

全球气候变化应对特征指标现状

气候变化监测体系。气候变化监测体系是针对气候系统各要素而设立的综合观测、探测、实验和试验平台，主要用于监测正在发生的实时气候变化状况，并系统研究过去的气候变化事实及其内在变化机理。近年来，我国气候变化监测体系已获得长足发展，但在时间频次和空间覆盖度方面还亟待加强。

对人与自然关系的影响。工业化以来,人类活动导致大气温室气体和气溶胶浓度的增加,以及地球表面环境等方面不同程度的变化,已经引起了全球气候变化。我国对气候变化的科学评估能力不足,需要大力加强,并制定气候变化的应对方案。

气候变化外交谈判。气候变化已成为国际社会外交的核心议题之一。目前,我国已经签署了一系列有关气候变化的国际公约,国家在这些环境领域的国际活动和履约过程中迫切需要全面、翔实的科学数据、研究结论和对策方案。

流域环境质量特征指标现状

河流。2008年,我国七大水系国控断面Ⅰ~Ⅲ类水质比例为55.0%,劣Ⅴ类水质比例为20.8%。全国地表水746个国控断面Ⅰ~Ⅲ类水质比例为47.7%,劣Ⅴ类水质比例为23.1%。按照国家环境保护"十一五"规划的要求,到2010年七大水系国控断面好于Ⅲ类的比例要大于43%,地表水国控断面劣Ⅴ类水质的比例小于22%。

湖泊。我国目前有75%的湖泊出现不同程度的富营养化,同时蓝藻水华频繁暴发,水质性缺水日益严重,由此引发淡水资源短缺、洪涝和干旱灾害增多,严重制约着区域发展并影响人们的生活。富营养化是一种氮磷等营养物质含量过多所引起的水质污染现象。在自然条件下,湖泊富营养化是一个极为缓慢的过程。工业化过程中,大量工业废水和生活污水以及农田径流中的植物营养物质排入湖泊、水库、河口、海湾,水生生物特别是藻类大量繁殖,破坏了水体的生态平衡。大量死亡的水生生物使水体溶解氧含量急剧降低,水质恶化,大大加速水体的富营养化过程。

面源污染。面源污染是指污染物从非特定地点通过径流过程而汇入受纳水体(包括河流、湖泊、水库和海湾等)所引起的污染。农业面源污染是农业生产活动中的氮素、磷素、农药以及其他有机或无机污染物,通过农田地表径流和农田渗漏形成的地表和地下水环境污染,是目前我国最为重要且分布最为广泛的面源污染。

城市环境质量特征指标现状

截至2008年10月,全国设市城市、县及部分重点建制镇共建成污水处理厂1459座,日处理能力8553万t,全国城市污水处理率达到63%,污水回用率不到20%。住房和城乡建设部要求,至2010年我国城市污水处理率不低于70%。2006年,住房和城乡建设部和科学技术部

《城市污水再生利用技术政策》规定，2010年，北方缺水城市的再生水直接利用率达到城市污水排放量的10%～15%，南方沿海缺水城市达到5%～10%；2015年，北方地区缺水城市达到20%～25%，南方沿海缺水城市达到10%～15%，其他地区城市也应开展此项工作，并逐年提高利用率。

城市水环境功能区水质达标率指城市市区地表水认证点位监测结果按相应水体功能标准衡量，为不同功能水域水质达标率的平均值。沿海城市水域功能区水质达标率是地表水功能区水质达标率和近岸海域功能区水质达标率的加权平均；非沿海城市水域功能区水质达标率是指各地表水功能区水质达标率平均值。据环境保护部《2007年全国城市环境管理与综合整治年度报告》，2007年，全国城市水环境功能区水质达标率平均为86.50%。

据环境保护部《2007年中国环境状况公报》，我国地级及以上城市（含地、州、盟首府所在地）空气质量达到国家二级标准的占60.5%。2007年，全国工业固体废物产生量17.6亿t，比上年增加15.9%；工业固体废物综合利用率为62.1%，比上年提高1.9个百分点。

生物多样性与生态系统特征指标现状

退化生态系统是指在人为干扰或自然干扰下形成的偏离自然状态的生态系统，与原生态系统相比，退化生态系统生物多样性较低，结构较简单，生产力较弱，环境调节功能较差。目前我国各类型的自然生态系统都处在不同程度的退化过程中。

脆弱生态系统是指对外界环境变化敏感，抗干扰能力弱，结构不稳定的生态系统，主要包括青藏高原、黄土高原、喀斯特地区、北方草地地区等。我国生态环境脆弱区占国土面积的60%以上。

濒危物种是指在其分布的全部或显著范围内有随时灭绝危险的物种。我国各类生物物种受威胁的比例普遍在20%～40%，特别是我国高等植物中，濒危或者接近濒危的物种约占总数的15%～20%，高于世界平均水平。濒危物种保护主要指对我国现有12%～20%濒危动植物物种的保护。

中国至2050年生态与环境科技发展路线图。重点围绕在不同时间和空间尺度上认知环境质量演变规律、发展生态系统修复与污染控制技术、建立生态系统与环境质量演变的立体监测网络、系统布局典型实验示范保育区等四个方面,解决核心科学问题,突破关键技术问题,进行系统集成,并实现示范推广。具体安排是:2020年前后,认知近代我国气候变化的基本事实,科学评价人类活动的作用;初步建立我国地球系统模式和气候变化的预测和预估系统;发展退化生态系统修复原理和查明典型区生物多样性;揭示流域水环境质量的时空变化规律及水体水质演化的动力学机制,开发出一批针对流域特征污染物和污染效应控制的物化、生物和生态工程技术,认知近海生态系统生物地球化学过程、城市生态系统过程与人类胁迫机制;揭示城市群大气复合污染机制及流域水体污染过程;阐明城市化过程中复合污染发生机制及生态与健康效应。2030年前后,揭示我国气候变化的动力学机理;进一步完善地球系统模式,开展实时的短期气候预测和长期气候预估工作;建立生态系统保育和濒危物种保护的技术体系,形成适合我国情和重点流域特征的水环境质量改善的理论体系和技术系统;开发流域生态系统生物地球化学过程与城市代谢调控技术,形成城市群大气复合污染控制、水质安全保障与土壤污染控制和污染场地修复技术;建立污染物的多介质循环与环境风险综合调控技术及基于多学科整合的城市及城市群设计与规划方法。2050年前后,形成我国气候变化的理论和物理框架;建立一个成熟的地球系统模式,建立一套成熟的气候变化预测与预估系统。完善我国流域水环境风险控制与风险管理的理论与技术体系,建立一批水环境质量改善与可持续发展的综合性示范区;基本实现退化生态系统的有效恢复,建立完善的濒危物种的保护技术体系;在城市及城市群可持续发展方面建立若干多目标优化的区域发展试验区。详见图3-10。

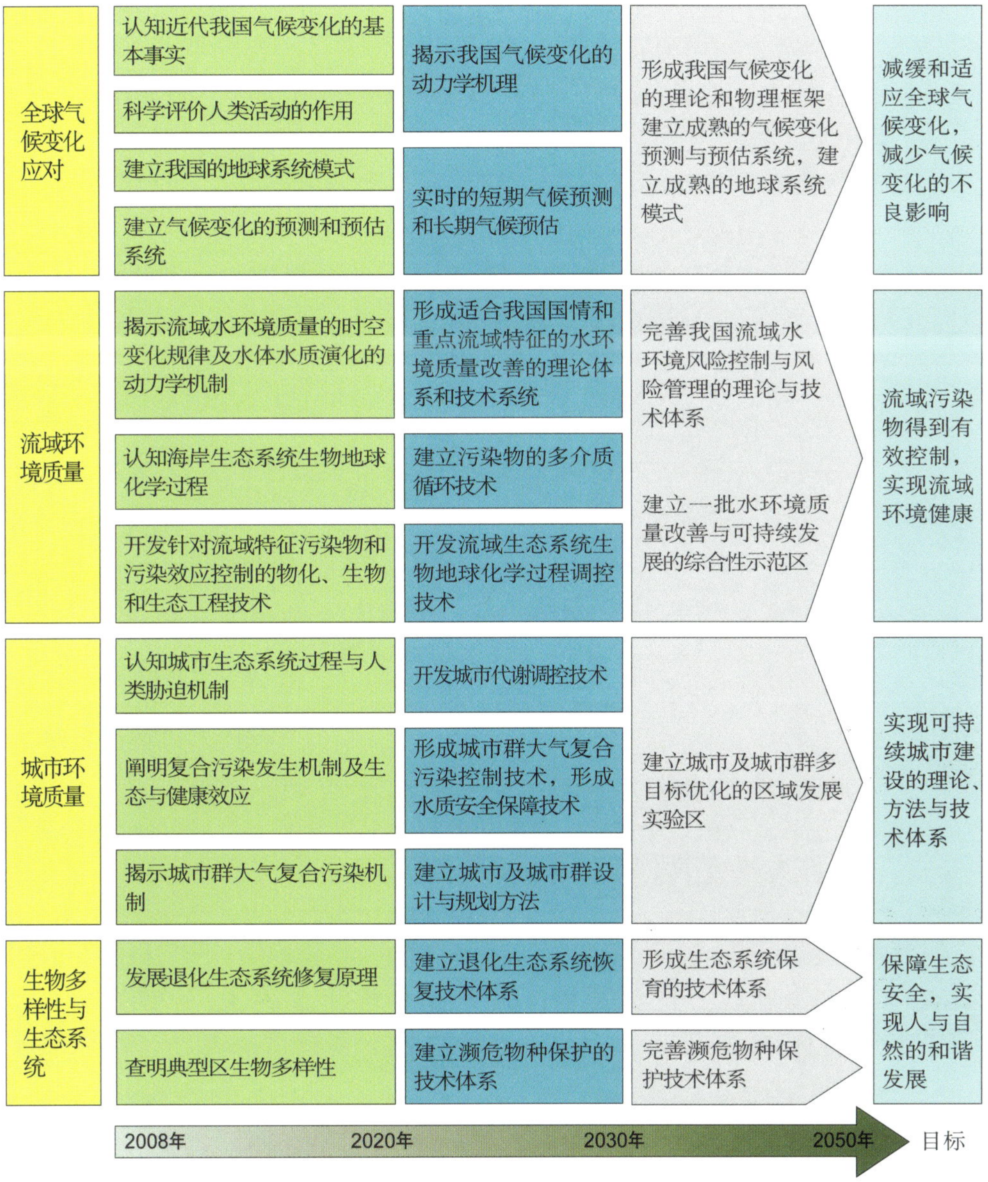

全球气候变化应对	认知近代我国气候变化的基本事实	揭示我国气候变化的动力学机理	形成我国气候变化的理论和物理框架 建立成熟的气候变化预测与预估系统，建立成熟的地球系统模式	减缓和适应全球气候变化，减少气候变化的不良影响
	科学评价人类活动的作用			
	建立我国的地球系统模式	实时的短期气候预测和长期气候预估		
	建立气候变化的预测和预估系统			
流域环境质量	揭示流域水环境质量的时空变化规律及水体水质演化的动力学机制	形成适合我国国情和重点流域特征的水环境质量改善的理论体系和技术系统	完善我国流域水环境风险控制与风险管理的理论与技术体系	流域污染物得到有效控制，实现流域环境健康
	认知海岸生态系统生物地球化学过程	建立污染物的多介质循环技术	建立一批水环境质量改善与可持续发展的综合性示范区	
	开发针对流域特征污染物和污染效应控制的物化、生物和生态工程技术	开发流域生态系统生物地球化学过程调控技术		
城市环境质量	认知城市生态系统过程与人类胁迫机制	开发城市代谢调控技术	建立城市及城市群多目标优化的区域发展实验区	实现可持续城市建设的理论、方法与技术体系
	阐明复合污染发生机制及生态与健康效应	形成城市群大气复合污染控制技术，形成水质安全保障技术		
	揭示城市群大气复合污染机制	建立城市及城市群设计与规划方法		
生物多样性与生态系统	发展退化生态系统修复原理	建立退化生态系统恢复技术体系	形成生态系统保育的技术体系	保障生态安全，实现人与自然的和谐发展
	查明典型区生物多样性	建立濒危物种保护的技术体系	完善濒危物种保护技术体系	
2008年	2020年		2030年	2050年　目标

图3-10　中国至2050年生态与环境科技发展路线图

第七节　空天海洋能力新拓展体系

建设我国空天海洋能力新拓展体系，其核心就是大幅拓展五方面的能力：一是海洋探测和应用能力；二是海洋开发利用能力；三是空天科学与探测能力；四是空天技术能力；五是对地观测与综合信息应用能力（表3-7）。

表3-7　中国至2050年空天海洋能力新拓展体系建设特征与目标

类别	特征	2020年前后	2030年前后	2050年前后
海洋探测和应用能力	探测海区	从西太平洋扩展至印度洋，南北极	扩展至全太平洋、印度洋	覆盖全球
	探测深度	载人7000m 无人11000m	载人11000m 深海底部地下1000m	深海底部地下2000m以下
	环境安全	实现近海动力环境预测预报	实现重点海域和大洋航线动力环境预测预报	建立自主性全球海洋环境安全保障优势
	生态安全	实现近海生态系统要素实时观测	预测预警海洋生态系统变化	建立可持续的海洋生态系统管理模式
	海洋数字化	初步实现领海和自然经济专属区数字化	完成中国近海数字化	构建并初步完成全球海洋数字化
海洋开发利用能力	油气矿产资源	调查和锁定储存、成矿主要海区	深海油气规模开采，天然气水合物和海底矿产商业试开采	东海和南海年生产油气1亿toe，天然气水合物和海底矿产商业开采
	生物资源	渔业(包括淡水)产量6000万t，开发海洋生物新资源，提高产品附加值	渔业(包括淡水)产量8000万t，构建海洋生物新产业群，实现高值化	实现渔业和海洋生物工业产业现代化
	海水和化学资源	海水淡化和主要化学资源规模化生产	解决岛屿等淡水资源短缺，基本实现核燃料等稀有化学资源的规模化生产	解决近岸区域淡水资源短缺，海水化学资源精细化、高值化和无害化生产
	海岸带可持续发展	建立海岸带生态系统健康诊断和评估体系	遏制海岸带生态系统退化趋势，科学规划和管理海岸带资源	实现海岸带科学综合管理和可持续发展
空天科学与探测能力	深空探测范围	探测器可达火星	探测器可达木星	探测器可达太阳系边缘
	空间科学卫星	基本完成重点领域布局	达到世界先进水平	进入世界空间科学强国行列
空天技术能力	高分辨观测能力	口径：2m 分辨力：0.1″	口径：4m 分辨力：0.05″	口径：10m 分辨力：0.01″
	载人航天	长期有人逗留的空间站	载人登月，建立月球基地	具备载人登火星能力
	高速空间通信	星间星地数据传输速度25Gbps*	星间星地数据传输速度30~40Gbps	星间星地数据传输速度百Gbps
对地观测与综合信息应用能力	覆盖与组网范围	全国	亚洲	全球
	数据更新率	1年	1月	1天
	应急响应能力	4~5小时	1~2小时	准实时

*：为每秒千分兆位

海洋探测和应用能力特征指标现状

探测海区。探测海区是指采用高技术手段,探查与探测确定海区水面、水中、海底的海洋环境要素、海底地质地貌、矿产资源等。我国目前的海洋科学考察可以在世界大洋范围内开展,但有一定规模、较长期的系统性的海洋动力环境探测和监测还局限在中国近海的局部海区和西太平洋。

探测深度。探测深度主要是指采用现代高技术探测仪器设备,可以确保安全和有效测量海洋环境的作业深度。探测仪器设备主要包括载人深潜器、无人遥控潜水器、声波回声探测仪等。我国拥有6000m无人遥控探测设备,目前正在研制7000m载人潜水设备。

海洋环境安全。此处海洋环境安全主要是指海洋动力环境安全,包括海洋动力环境的评估、监测和预报能力,以及相关的硬件和软件等。我国目前仅对西太平洋和中国近海具备不定时的面上普查能力,能够初步了解这一海区动力环境的大体结构和变化形态并进行计算机模型模拟。

海洋生态安全。此处海洋生态安全主要是指与海洋生物资源和海洋生态保护有关的环境保障能力,以及相关的硬件和软件等。我国目前实现了温、盐、流、叶绿素等部分要素单点现场实时观测,对中国近海生态环境具备不定时的面上普查能力,能够初步了解和推测这一海区生态结构和变化形态。

海洋数字化。海洋数字化主要是指利用地理信息系统等技术,将海洋信息转变为可以度量的数字、数据并建立适当的数字化模型。目前,我国已开始研发局部海域流场和地形地貌的数字化。

海洋开发利用能力特征指标现状

海洋油气矿产资源。海洋油气矿产资源主要包括海洋石油、天然气、天然气水合物、大洋多金属结核、富钴结壳、热液硫化物、滨海砂矿等战略资源。目前,我国已开始对深水油气、天然气水合物和热液硫化物调查,尚未掌握深水油气、天然气水合物和硫化物资源分布规律及资源量。

海洋生物资源。海洋生物资源是指海洋中具有生命的物质及其组分,主要包括对人类具有实际或潜在用途或价值的生物体或其器官、组织、细胞、代谢产物和基因等,是食物、药品、生物材料和制品以及生物能源的重要来源。2008年,我国水产品总产量达4890万t,海洋渔业和海洋生物医药业增加值为2274亿元。

海水和化学资源。海水和化学资源主要是指海水中可被人类利用的淡水资源和溶存的化学物质，包括从海水中获取的淡水、盐和溴、钾、镁、重氢、铀等。目前，我国已掌握反渗透法、蒸馏法等海水淡化关键技术，建成运行的海水淡化水产量约为3.1万 m^3/d，海水直流冷却技术已进入万 m^3/h 级产业化示范阶段。我国海水稀有化学资源研发不足，深度开发利用还很薄弱，低投入高产出的规模化技术缺乏。

海岸带可持续发展。海岸带是指海岸线向海向陆一定的区域，内界一般在海岸线的陆侧10km左右，外界在向海延伸至10~15m的等深线处，具有丰富的资源和复杂多变的环境，既是海洋开发、经济发展的基地，以及港口等海陆交通枢纽，又是多种缓发性灾害频发，风暴潮、台风等突发性自然灾害多发的区域。目前，我国通过行政、立法等手段加强了对海岸带的保护，但海岸带不合理开发导致的环境资源问题十分严重，影响海岸带可持续发展。

空天科学与探测能力特征指标现状

空间科学卫星是用于探测研究发生在日地空间、行星际空间及至整个宇宙空间的物理、天文、化学及生命等自然现象及其规律的航天器。美国、欧洲空间局等都有较为完善的空间科学卫星系列，我国在本世纪初实施了第一个空间科学卫星探测计划——"地球空间双星探测计划"，但尚未建立空间科学卫星系列。

空天技术能力特征指标现状

高分辨观测能力是指开展空间天文观测、太阳观测和对地观测时，观测仪器所能达到的区分两个物点的能力。人眼能够看得清、分得开的两个物点的角距大约是1角分(1度等于60角分,1角分等于60角秒)。如果两个物点靠得很近，它们的角距小于1角分，人眼就分辨不出来，只看成是一个物点。用光学望远镜去观测物体，分辨率会大得多。高分辨率能力通常需要增长望远镜的焦距，增大望远镜的孔径。

载人航天是指载人航天器在地球大气层以外的宇宙空间开展的活动。载人航天活动的主要目的是人在太空直接参与探索、开发和利用太空以及天体(包括地球)。目前我国载人航天工程正处于"三步走"规划中的第二步第一阶段，将开展一定规模的地球科学、微重力科学、生命科学、空间天文和空间物理等方面的实验和研究。

空间通信是指空间飞行器之间或它们与地球数据收/发送站之间的

信息传递。空间激光通信技术是目前发展最快、最有应用前景的空间通信技术，可以实现飞行器之间、飞行器与地球之间的超高速数据传输。

对地观测与综合信息应用能力特征指标现状

覆盖与组网范围是指对地观测系统能够获得数据范围的能力和能够连接在网络上的空间数据库的分布范围。

空间数据更新率是数字地球科学平台服务的重要指标，根据不同用户需求决定，现在的技术已经达到18个月更新一次全球数据，热点地区更新率达到小时级。一般情况下，更新率与使用率成正比。

应急响应能力是应对突发重大自然灾害的技术系统指标之一，不同灾种有不同的应急响应能力要求，如航空遥感在应对重大地震灾害时要求准实时。

为此，需要实施中国至2050年空间科技发展路线图和海洋科技发展路线图。

中国至2050年空间科技发展路线图。 在科学方面，针对黑洞、暗物质、暗能量和引力波的直接探测，太阳系的起源和演化，太阳活动对地球环境的影响及其预报和地外生命探索四大科学问题，实施空间科学卫星和探测计划；在对地观测与综合信息应用方面，发展先进的地球系统综合要素观测系统，构建数字地球科学平台与地球系统网络模拟平台；在空间技术方面，围绕超高分辨能力、超高精度时空基准、临近空间飞行、深空超高速与自主航行、空间高速通信、人类空间生存和活动能力等六个重要技术方向，突破关键和瓶颈技术，具体安排是：2020年前后，初步建立以空间科学卫星系列为基础的空间科学研究体系；发展大型综合对地观测系统、构建数字地球科学平台，实现全国组网；突破人在近地轨道空间站长期生存保障技术、多谱段多用途2m口径空间望远镜技术，并实现相应高速数据传输；初步具备全自主天文导航的星际飞行能力；在临近空间建成大型零压式高空气球和第一代平流层飞艇。2030年前后，形成完善的空间科学研究和探测体系，获取第一手探测数据，取得重大创新成果，进入世界空间科学大国行列;进一步完善大型综合对地观测系统,建成地球系统模拟网络平台,实现亚洲联网;实现载人登月,建立月球基地;超高精度时空基准达到国际先进水平;完成口径4m的可见与红外、主镜可折叠和展开的超高分辨空间望远镜;

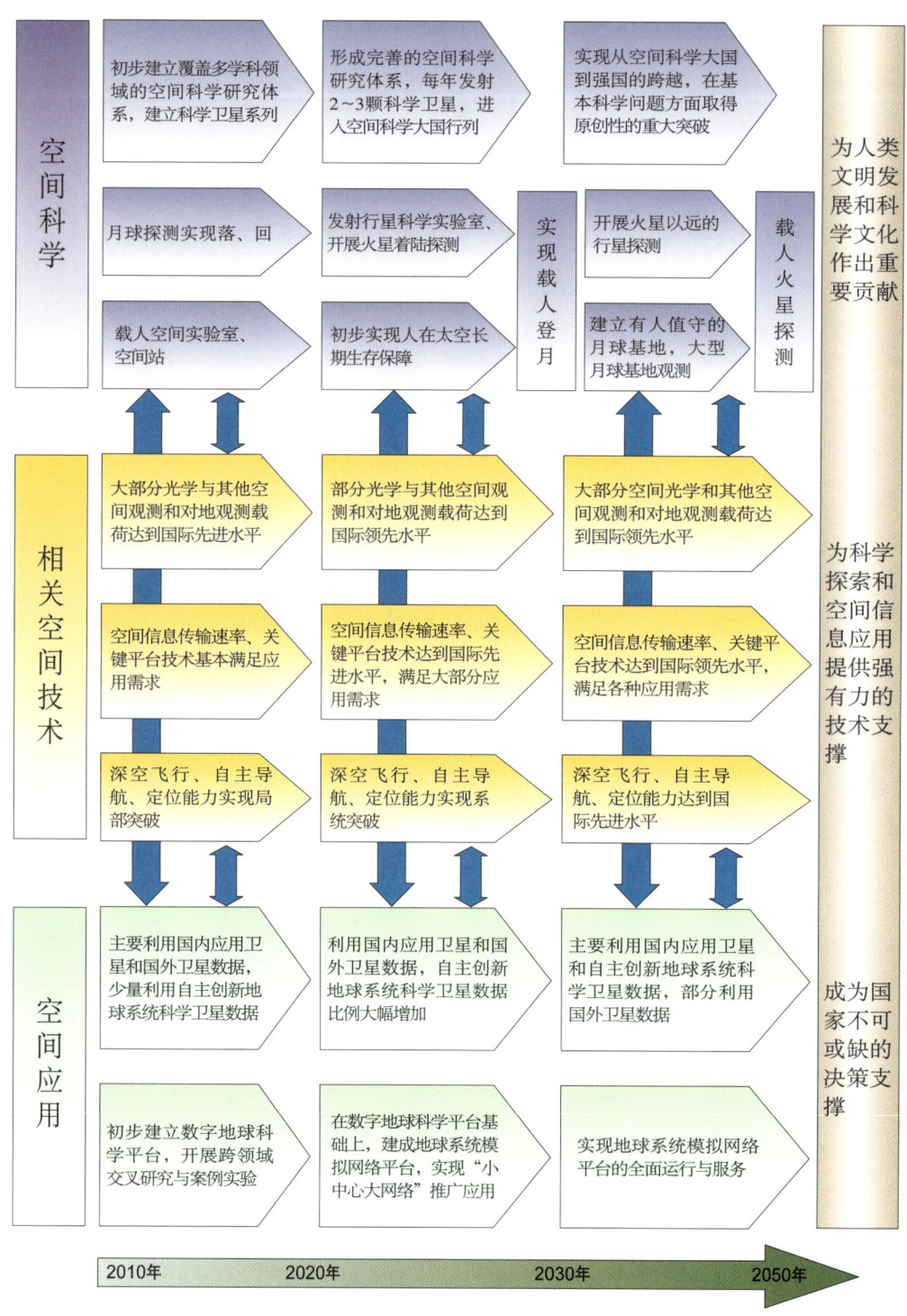

图 3-11　中国至 2050 年空间科技发展路线图

深空探测器实现高效星际航行和高精度自主导航,可探测火星以远的行星;突破大中型超压气球技术,建设南极极地气球站,实现经常性的探空火箭综合实验,完成第二代平流层飞艇的发展、定型和应用推广。2050年前后,在宇宙、太阳系、物质运动规律和生命起源等基本科学问题方面取得原创性重大突破;地球系统网络平台实现全球联网,开展对地球系统变化与重大灾害的模拟、预警预测;载人飞行从月球基地飞向更远的行星;无人探测器飞出太阳系进入宇宙空间;实现10m孔径干涉式超高分辨率成像;突破激光超高速通信技术,数据通信速率比当前提高两个量级;建立以大型超压式高空气球为基础的平流层高空站,发展新一代平流层飞艇,开展组网应用,进入空间的方式更加廉价和高效。详见图3-11。

中国至2050年海洋科技发展路线图。聚焦海洋资源开发和保障海洋环境安全两大领域,在物理海洋、海洋地质、海洋生物、海洋生态等四个重要科学方向上,围绕海洋监测、海洋生物、海洋资源开发与利用等三大重要技术,解决一批重要科学问题,突破一批关键技术。具体安排是:2020年前后,完善中国海域及邻海的海洋科学体系,建立近海环境和西太平洋立体监测系统和数值模拟系统,突破海洋生物基因资源利用、人工养殖、渔业养护与捕捞、生物资源精制加工、海水淡化及化学资源利用等海洋新技术,发展海底探测装备和技术,建立深海油气矿产勘探新方法。2030年前后,阐释海洋在地球系统科学中的地位和作用,建立重点海域监测和数值模拟四维同化系统,突破品种分子设计、病害免疫防治、海洋药物创制、稀有海水化学资源开发等海洋技术,突破深海油气、天然气水合物和矿产资源安全开采与储运技术。2050年前后,海洋科技水平进入世界前三位。建立近海动力环境生态一体化监测系统、全球海洋监测体系和数值预报系统,实现海洋水产生产农牧化和海水化学资源的高效利用,海洋生物工业绿色精制和基因利用技术高度融合,形成规模化深海资源开发装备体系,持续有效地支撑我国的海洋强国地位。详见图3-12。

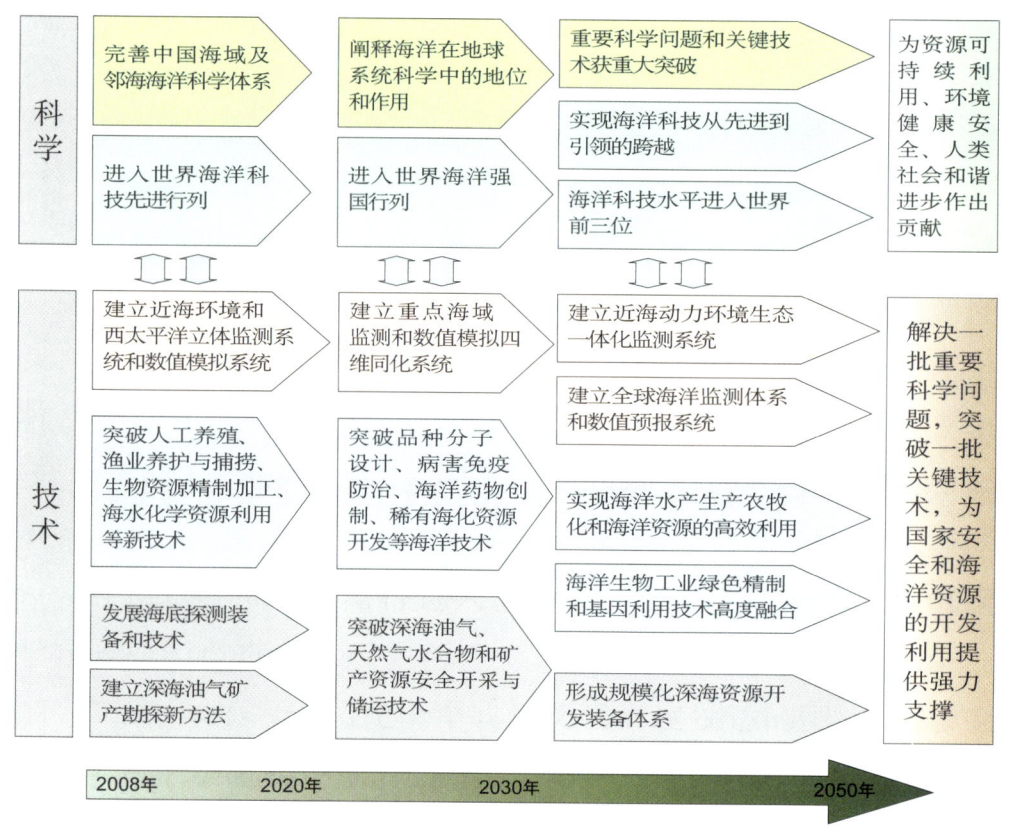

图3-12　中国至2050年海洋科技发展路线图

第八节　国家与公共安全体系

我国国家与公共安全体系,主要包括空间安全、海洋安全、生物安全、信息网络安全。其战略目标是:在我国现代化进程中,保证我国有效进入与和平利用空间,保护海洋产业与海洋运输战略通道安全,有效防范对人民生活和生态环境的生物威胁,维护信息与网络空间安全,拓展国家利益,维护国家主权,保障社会稳定。

在空间安全领域,其核心是发展自由快速进出空间能力,精确导航定位能力,高效信息获取、传输与应用能力,空间飞行器预警与规避能力。2020年前后,突破不依赖地面与GPS的快速、高精度、抗干扰的空间飞行器全自主定位导航技术;突破机动灵活、可变结构的新概念微小卫星及编队飞行技术,发展在轨运输、服务与维修能力；突破精密跟瞄、高速调制解调与量子密钥传输技术，发展通信速率大于20Gbps的空间空地激光与量子通信能力。2030年前后，突破太阳能天基高效聚能与无线大功率传输技术。

在海洋安全领域，其核心是发展健全的海洋环境及水下信息获取与传输能力，海洋灾害性气候预警与突发事件监测能力，先进的海洋平台系统与安全运载能力，保障我国领海、海洋经济专属区的防卫能力和海洋战略运输通道的安全进出能力。2020年前后，突破水下观测与信息快速传输的关键先进技术，发展与卫星遥感、海面移动观测和海洋长期布放观测等信息获取融合技术；发展基于海洋的自适应智能化防卫技术；突破海洋灾害的早期预报与快速实时监测技术。2030年前后，发展多功能的新型水下智能信息网。

在生物安全方面，针对新发和再发传染病不断出现对人类健康和社会稳定造成的巨大威胁，外来物种入侵对生态环境和经济发展带来的现实和潜在的危害，生物恐怖和新型生物制剂对群体、社会乃至种族生存构成巨大的潜在威胁，主要致力于研发重要烈性病原检测技术，建立新发传染病和烈性病原监测体系，建立外来生物物种、新型生物制剂和生物新技术应用的安全评估体系，发展各类传染病和生物恐怖制剂的预防和控制方法。2020年前后，完善我国新发和再发传染病的预防控制和突发公共卫生事件的应急体系；初步建成以区域为节点的国家生物安全实验室网络，初步阐明重要病原的跨种传播、遗传变异、免疫应答、致病机理，发展烈性病原高灵敏快速监测检测技术，研制出新型抗病毒药物和疫苗；完成主要外来物种和转基因生物的环境生态风险和健康安全评估。发展生物新技术应用的安全评估方法。在2030年前后，重点建设生物恐怖和外来种入侵的预警防范体系，建成新型生物制剂和生物新技术应用的安全评估体系；突破重要有害外来物种的综合防治技术，突破新发传染病、生物恐怖制剂和新型生物制剂的预防和控制技术，建立相应的技术、药物和疫苗国家储备。

在信息网络安全方面,随着网络信息传播规模和速度的不断提高,个人和少数团体的行为可以在短时间内以低成本、灵活机动和非常规的方式,引发社会动乱或损坏公共基础信息设施,甚至组织恐怖袭击,对社会造成冲击性甚至灾难性的影响。因此,必须加快建设基于网络信息的社会态势预警、分析、监控和应急体系。2020年前后,发展确保物理网络安全的通信结构和协议体系,研发防范网络内容危害的有效方法和技术,特别是基于网络的舆情和安全分析技术、社会计算方法等,构建仿真试验和安全分析平台;初步建立社会态势预警监控系统,实现对国内突发社会群体事件的应急管理支持,实现对国际重要安全问题信息的有效处理和决策支持。2030年前后,突破网络的自适应、自检测、自修复等关键技术,建成智能化安全网络;建立国内范围的社会态势传感网格系统与计算实验平台体系,构建全面的经济社会态势预警控制、决策支持与平行管理体系,实现对涉及金融安全、经济安全、社会安全等重大突发事件的应急管理和决策支持。在此基础上,建立全球范围相关经济社会态势的预警监测与决策支持体系。

第四章
影响中国现代化进程的22个战略性科技问题

实现中国至2050年重要领域科技发展路线图的核心是解决那些影响中国现代化进程的战略性重大科技问题。经过一年多的研究,我们凝练出了22个战略性科技问题,这些问题或关系我国在全球化知识经济环境下的国际竞争力,或关系我国经济社会长远持续发展,或关系我国的国家安全,还有一些是应对可能发生的新科技革命,需要前瞻部署的前沿问题。

这些问题在我国现行科技规划中未有部署或部署力度不够,宜用国家行为,发挥我国集中力量办大事的优势,采用战略性先导科技专项、重大科学研究计划或研究集群等方式组织实施,科学设计、统筹布局、分工协作、持续攻关,力争在科学原理层面取得原创性突破,在关键技术和系统集成层面取得重大变革性创新。

第一节 影响中国国际竞争力的6个战略性科技问题

1. "后IP"网络的新原理新技术研究和试验网建设

互联网是人类有史以来影响最为深刻的工程,已成为人类生产生活不可或缺的基础设施,但基于TCP/IP的互联网在安全性、服务质量和可扩展性等方面存在固有的缺陷,不可能实现任何人、任意地点、任意时间的通信和从任意设备获得有质量保证的服务,必须发展新的网络基础设施。

发展新的网络基础设施有三条途径:第一条途径是演化法,即在现有互联网基础上提出新的协议;第二条途径是重叠法,即在现有IP网络之上建立重叠网,灵活实现各种先进业务;第三条途径是变革法,即扬弃现有的互联网,发展"后IP"网络。前两条道路是改良的办法,难以真正突破IP网络的局限。第三条途径则是在继承互联网开放中立等优点的基础上,摆脱现有互联网协议和体系结构的束缚,采用全新思路,从网络科学、体系结构、试验网切入,研发能够满足我国信息社会发展需要的低成本泛在网。

近年来,美国、欧洲、日本、韩国都安排了"后IP"网络研究计划,如美国的"未来互联网设计"(FIND)计划和日本的"未来之光"(AKARI)计划。我国目前只有国家发展和改革委员会主持的"中国下一代互联网示范网工程(CNGI)"计划,其重点在实现互联网从IPV4向IPV6的过渡,本质上是演化法,还没有"后IP"网络研究计划。对这一具有先导性的战略领域,我国应借鉴20世纪70年代互联网研发经验,依靠国家战略科技力量,尽早部署开展构建"后IP"网络的新原理新技术研究。

实施这一重大科技任务,关键是解决如下核心科学技术问题:一是发展网络科学,发现网络中局部如何影响全局的规律和调控机制,指导泛在网络的构建和应用;二是设计泛在网络体系结构,重点突破泛在网络的可扩展性、服务质量、安全性难点;三是研究低成本、便捷高效、满足我国未来网民需求的网络终端、网络知识产品和服务;四是构建广域的泛在网络试验床,为网络科学、网络技术、应用与业务的创新提供实验和验证平台。力争经过15年的努力,使我国在未来网络升级换代和向u社会的过渡中占得先机、取得主动。

"未来互联网设计"（FIND）计划

"未来互联网设计"计划是由美国国家科学基金会于2006年发起的一个长期研究项目，其目的是研究2020年前后对全球网络的需求是什么？在不考虑现有网络的情况下，如何设计并构建未来的网络？FIND属开放性研究，强调不受目前网络的约束，"从头设计"（design it from scratch），围绕网络体系、原理和机制设计展开。解决广义的网络安全是FIND的核心动机，目前，FIND研究的主要课题包括：如何在新一代网络（NWGN）体系中安全有效地实现信息的转播、标识与定位的管理，经济和技术如何影响未来网络的整体设计，如何设计能够保障自由和开放社会的网络等。

资料来源：http://www.nets-find.net/, http://www.geni.net

"未来之光"（AKARI）计划

"未来之光"计划，由日本国家信息和通讯技术研究所于2006年启动并主持，目标是在2015之前实施新一代网络（NWGN），使其完全浸入社会基础设施之中，为整个社会提供无时无处不在计算和通信功能。"未来之光"的设计理念是完全抛开现有网络体系的约束，按未来的社会需求从头开始构建新一代网络体系和系统设计原理，同时兼顾考虑如何从当前网络过渡到下一代网络（NXGN），再过渡到新一代网络的途径。新一代网络的设计强调系统的可持续性、多样性和自适应演化性，核心技术集中在光交换、分层标识与定位，以及自组织控制等方面。该研究所已于2008年6月发布了新一代网络体系AKARI概念设计Ver 1.1版。

资料来源：http://akari-project.nict.go.jp, http://www.akari-project.jp

"中国下一代互联网示范网工程（CNGI）"计划

2003年，国家发展和改革委员会等八部委启动了"中国下一代互联网示范网工程"，由中国电信等六大网络集团共同承担，100所高校、100

个科研究所和70多家企业共同构成。其总体目标是在国家统一协调下，抓住时机，在改进并提高现有网络和大力推广应用的同时，实施中国下一代互联网示范工程，攻克下一代互联网及其重大应用的关键技术，实现下一代互联网的产业化。CNGI研究时间为2003~2010年。到2010年，建成全球最大规模的下一代互联网络，在下一代互联网络标准、技术和产业上占有重要地位，推动我国的信息化建设，增强我国的综合国力和可持续发展能力，实现国民经济和社会进步的跨越式发展。

2. 高品质基础原材料的绿色制备

我国基础原材料如钢铁、有色金属、合成树脂、橡胶、水泥和玻璃的消费与生产增长迅速，许多材料的产量已居世界首位，如2007年钢铁产量为4.89亿t，占世界总产量的37%。但是，目前基础原材料的制备生产存在以下主要问题：一是材料的品质和性能普遍不高，众多高档原材料仍需大量进口，如近年每年需进口约3000万t优质钢材，合成橡胶和树脂的进口量相当于国内产量的一半左右；二是原材料生产对环境的污染严重，原材料制造业的二氧化碳排放量居各行业之首；三是基础原材料大量消耗资源和能源，仅水泥生产耗煤就占全国煤产量的25%；四是材料循环利用的技术和模式还有待建立。

因此，必须重视和发展高品质基础原材料的低成本绿色制备技术，充分关注材料研究、生产和使用的全寿命成本，既要使材料具有更好的性能，易于制造和加工，又要减少资源能源的消耗和对环境的污染与破坏。

实施这一重大科技任务，需要解决的核心科技问题是：揭示材料组分、组织结构与性能的关系，突破节约资源能源和低污染的工艺技术、材料设计与工艺控制原理与技术、材料低成本循环利用技术，研发废弃材料低成本回收、高值化再应用技术和环境友好材料，研发具有更好综合性能、可靠性和低成本的材料技术。争取在2020年前后，我国基础原材料制备全面达到或接近国际先进水平，基本满足国家各领域发展的需求。

3. 资源高效清洁循环利用的过程工程

制造业环境影响的主体是资源、能源大规模加工利用的过程工业。研发源头污染控制与资源高效循环利用的清洁生产与循环经济技术，建立资源高效清洁循环利用的绿色过程工程体系，已成为世界制造业可持续发展的主流趋势。近年来，美国在过程化学等领域制定了一系列20~30年绿色技术发展路线图，加强清洁生产技术研发投入，提出在未来20年内将原材料和复合能源消耗及污染物排放减少30%。日本提出"全部绿色化"战略，大力发展源头控制、环境导向技术和替代性新工艺、新过程，使单位产值能耗下降一半，化学物质风险趋于零。

我国在绿色过程工程科技方面差距很大，清洁生产与循环经济关键共性技术研发处于起步阶段，远不能满足节能减排、资源节约、环境保护的迫切需求。我国现有科技计划对源头污染控制与资源高效循环利用关键技术的研究部署不足，国家应通过重大科技专项等方式加快部署。

资源高效清洁循环利用的绿色过程工程体系的核心科技问题与建设重点：一是揭示资源高效清洁利用的物质转化、循环的多尺度机制、调控方法和工程优化放大原理，突破绿色过程工程核心技术，创建新工艺、新流程、新设备与集成技术；二是建立产品绿色设计与全生命周期评价新方法，突破资源循环与环境控制技术、产品可拆卸易回收技术、二氧化碳低成本分离与资源化利用技术等；三是进行生态工业多尺度设计、工程示范与技术集成，建立动脉静脉一体化的生产系统。

在20年内，实现过程工业加工的原料损失率减少50%，单位产品节能30%~50%，有害废弃物近零排放，基本控制工业制造业过程化学环境风险；二次资源循环利用率达到60%以上，建立适合我国国情的污染源头控制、物质循环利用的绿色过程工程技术体系，并实现工业应用。

4. 泛在感知信息化制造系统

以无所不在的感知为代表的新一代自动化和信息化制造(u-manufacturing)技术的发展,将大幅度地提高制造的效率、改善产品质量、降低产品成本和资源消耗,为用户提供更加透明化和个性化的服务,成为制造领域新的发展方向。欧美等发达国家高度重视泛在感知信息化制造相关技术的研究。美国能源部将工业无线技术列为实现到2020年美国工业整体能耗降低5%目标的主要技术手段之一。IBM商业咨询服务公司的分析表明,采用RFID技术,将为企业增加2%~6%的收入,降低5%的运行成本,提高5%~30%的资本使用效率。我国应及时开展泛在信息感知空间下的新一代信息化制造系统研究。

泛在感知信息化制造系统需要解决的关键科技问题是:研究面向制造系统需求的泛在感知技术;研究泛在制造信息采集技术和处理模式;研究海量制造信息的处理方法和技术,解决多维信息的时空聚合、多源多率信息的融合和制造信息的高效挖掘和加工等问题;研究泛在信息感知空间下新的制造模式及平台技术,构建实验验证环境,为制造业提供系统化的知识体系和成套的技术方案。力争经过10年的努力,取得技术和应用的突破,使我国制造业的生产效率提高10%以上。

5. 艾级(10^{18})超级计算技术

超级计算能力是信息时代一个国家的核心竞争力。生命科学的快速发展对超级计算提出了强烈的需求,通过超级计算模拟生命现象,为生命科学研究提供强大的计算仿真工具,将计算机科学的思维方式渗透到生命科学的全过程,可能是生命科学产生重大发现的突破口,其作用就如同日本本世纪初研制成功的"地球模拟器",或如同粒子物理领域的对撞机。

模拟生命现象需要艾级超算。生命模拟器的目标是研制每秒10^{18}次运算的网络计算系统,快速精确地仿真基因组、个体和群体三个层次的重要生命现象,极大推动计算生物学、生物信息学、纳米信息学、脑科学与认知科学等许多新兴交叉科学的发展,并广泛应用于生物检测、良种培育、新药发现和疾病防治等领域。

研制生命模拟器的核心技术问题是实现艾级超算,由于存在功耗、效率、易用性三个方面的挑战,目前的计算机技术很难实现艾级超算,必须在原理上有重大突破,集成电路、体系结构和编程模型等都必须有重大变革。其核心科学问题是生命现象的可计算化,如基因组仿真、个体生命仿真、群体健康仿真。

从我国计算机和生命研究基础看,采取国家重大科技任务方式,集中力量组织攻关,很有可能在10~15年研制成功生命模拟器,使我国在超级计算能力和生命科学研究方面走到世界前列,实现跨越发展。

6. 农业动植物品种的分子设计

遗传改良是提高农业动植物品种产量和品质的主要策略。进入新世纪以来,动植物品种的遗传改良正经历着从常规育种到分子设计育种的跨越,以转基因技术为核心的品种分子设计正在成为国际竞争的战略制高点。我国目前的常规育种研究效率正逐渐降低,近年来新品种培育水平徘徊不前,成为制约我国农业发展的重要因素。而我国科学家在农业动植物结构和功能基因组学等研究领域已获得长足进展,为及时开展农业动植物品种改良的分子设计研究奠定了坚实的基础。

动植物品种分子设计的核心科技问题是:大规模深入挖掘动植物种质中蕴藏的优异基因资源;克隆控制重要性状的功能基因群并阐明其互作网络;建立与重要农艺性状关联的育种分子模块;根据育种目标需要,通过对模块的选择和组装进行品种的分子设计,建立规模化、标准化和工厂化的分子设计育种技术体系和设施。

通过10年努力,力争达到以下目标:获得一大批具有实用价值的关键基因资源,显著提升原始创新能力,进入国际先进行列;初步实现水稻、小麦等主要粮食作物从重要性状的分子设计到品种水平的整体设计,基本建成品种分子设计育种和应用推广体系;初步实现猪、牛、羊等主要农业动物的重要性状分子设计改良,开展品种水平的整体设计。

第二节　影响中国可持续发展能力的7个战略性科技问题

1. 中国地下4000m透明计划

世界范围内发现地表矿、浅部矿的几率已日趋减少,深部和覆盖区的矿产资源预测已成为今后找矿预测的新方向。世界上已发现的超大型矿床大都具有较大深度。一些矿业大国矿床的勘探开采深度已达2500～4000m,南非开采深度已超过4000m,计划开采深度在6000m左右。为发现下一代的巨型矿床,澳大利亚在21世纪初提出了"玻璃地球"计划,以使地下1000m以内变得"透明"。加拿大近期也提出了类似"玻璃地球"的重大计划,力争使地下3000m以内变得"透明"。

目前,我国矿产勘探开发的主要问题是:缺乏隐伏矿床成矿理论和成矿预测研究,缺乏深部隐伏矿床精确定位技术方法,已有矿床的勘探开采深度大都小于500m。因此,我国覆盖区和深部找矿具有巨大潜力,从我国现代化建设对矿产资源的需求看,应实施"中国地下4000m透明计划",系统开展覆盖区和深部矿产资源探测理论和技术方法的研究,立足国内新增一大批矿产资源储量。

该计划的关键科技问题:一是揭示矿床形成深度及其控制因素、矿化规律与矿床的保存条件,建立不同尺度的矿床成矿模型;二是突破深部矿化信息的地球化学提取技术、深部矿床探测的物探和钻探技术等;三是建立定位盲矿床和深部矿床的勘察评价方法体系及三维可视化模型。

力争至2040年使我国主要区域地下4000m以内变得"透

明",为准确圈定覆盖区和深部的矿产资源提供理论和技术支撑。

澳大利亚的"玻璃地球"计划

1999年在悉尼召开的国际隐伏矿床勘察研讨会上,展示了新技术方法在隐伏矿床发现过程中的应用效果,促使澳大利亚启动了庞大的"玻璃地球"计划。该计划是通过地质、地球化学和地球物理综合勘察技术的运用,使澳大利亚地下1000m以内变得"透明",以便可以发现澳大利亚下一代的巨型矿床。该技术旨在提升获取新资料的能力,判识、综合和解释新资料的能力,建立基于澳大利亚大陆的预测和勘察模式。其主要内容包括:新一代探测技术,对风化层及下伏基岩中地质过程的认识,地理信息技术,矿床发现的概念模型和地形预测模型。技术重点包括:航空重力梯度测量,航空地磁张力梯度测量,航空电磁测量,航空和卫星矿物地球化学填图,地下水化学、同位素地球化学和地表地球化学,岩石和上覆表土中的化学流、流体流和热流的耦合模拟,可视化、数据融合和转化技术,新的钻探技术。

2. 新型可再生能源电力系统

在我国未来能源结构中,新型可再生能源的比重将逐步提高。目前,制约新型可再生能源利用的主要瓶颈是成本高、发电装机分散、分布不均匀、发电不稳定、规模化程度低。应加快可再生能源规模化开发利用,建立兆瓦级乃至吉瓦级的风力发电和太阳能发电电站,建设靠近需求侧的分布式能源系统,形成太阳能、风能、生物质能等互补的综合利用基地。

建立新型可再生能源电力系统需要解决的关键科学技术问题是:在光伏发电方面,发展高效硅基太阳电池,研发新型低价太阳电池,开展新概念电池和材料研发;在热发电方面,突破塔式电站总体系统设计技术、高温槽式真空管技术、碟式斯特林系统技术;在风力发电方面,突破兆瓦级风电系统中控制器和变流器技术、商业化风电整机技术;在氢能方面,发展高效、清洁、低成本的制氢技术,高容量的储氢技术和燃料电池技术等;在新型可再生能源电力系统方面,突破新型能源与大电网的并网耦合技术和基于先进储能的分布式电力与微型电网技术。

争取在2020年前后,实现分布式发电规模化,微网和电力系统形成规模示范;2030年前后,实现微网智能化和商业化运营,在柔性电力和电力调峰中规模运营;2050年前后,实现基于微网的区域配网电力交易体系和大范围联网运营。

太阳能光伏发电

太阳能光伏发电是将光辐射能通过光伏效应直接转为电能的发电技术,实际应用开始于20世纪中期。光伏电池是光伏发电的基础,经半个世纪的持续努力,已研制成了100多种光伏电池,已实用化、商品化的主要是单晶硅、多晶硅与非晶硅3种,光电转化效率单晶硅实验室达24.7%,商品达15%~18%,组件售价已降至每峰瓦3~4美元。近年来,光伏电池产业得到迅速发展,近5年年产量增长率达43%,2004年全世界总产量达120万kW,累积装机容量达433万kW。

太阳能热发电

20世纪70年代后期以来,国际上进行了大量的研发工作,建成了槽式、塔式与碟式三种太阳能热发电系统的示范电站。

槽式太阳能热发电。美国于1985~1991年在加利福尼亚州建成了9座槽式电站,总发电功率达35.4万kW,单机最大达8万kW,总发电效率为13%~16%,建设投资降至每千瓦约2000美元,度电成本降至约每度5美分,但仍高于美国煤电站的投资与成本。

塔式太阳能热发电。20世纪80年代前期,国际上建成了7个塔式试验示范电站,发电功率500~10000kW,投资1万~3万美元/kW。90年代中后期,美国圣地亚国家实验室研发与建成了10000kW的"塔式二号"第二代电站,投资降至每千瓦5000美元。

碟式太阳能热发电。碟式系统也已实现多个示范项目,其聚光比高,可达1000℃的高温,光电转换效率高。由于镜子直径不宜太大,单个装置电输出仅为几十千瓦,可做离网的独立电源,也可大量并联形成大功率电站,其投资约为每千瓦8000美元。

三种太阳热发电技术虽均已成功进行了示范,但近十余年未得到推广应用和继续扩大单机容量,只持续进行了一些改进的研发工作。

3. 深层地热发电技术

高能位的地热能主要是地压水热型和干热岩型,干热岩型资源总量是水热型的1000倍。西方发达国家早在20世纪70年代就已着手对干热岩进行研究。据美国能源部2007年评估,深层地热能储量很大,保守估计,只要开发出3000~10000m深度地热能地质储量的2%,每年就可采出$2.8×10^5$EJ（$1EJ=10^{18}J$）的热能,是美国2005年一次能源消耗总量100EJ的2800倍。美国、澳大利亚等国已投入巨资,大规模开展地热商业化利用试验。我国已探明的水热型地热能量相当于32亿tce,远景地热能量相当于1300亿tce;按此推算,干热岩地热能储量约为130万亿tce,大约为2006年我国煤炭保有资源量的130倍。有效开发利用地热能,对优化我国能源结构、保障未来能源供给意义重大。国家应以重大研究计划等方式前瞻部署,开展以干热岩的开发利用为重点的深层地热发电技术研究。

深层地热工程化利用技术是深层地热能开发利用的关键技术,需要重点解决的关键科技问题是：揭示深层复杂地质结构中工质的流体力学、热力学、结构力学的重要特性,突破深层地热能储量评估技术、先进钻井技术、储层评价与改良技术和中低温双工质地热发电技术等。

力争10年左右实现关键技术突破；再用15年时间实现技术基本成熟并进行商业规模开发利用；此后再用15年使深层地热发电的装机容量达到全国总装机的5%~10%。

增强型地热系统

增强型地热系统是以工程措施建造地热储层,从低渗透性岩体中经济地采出相当数量的深层热能的人工地热系统。其原理是通过注入井注入水或其他工质流体(比如二氧化碳)进行地下循环,透过人工产生的张开的连通裂隙带,工质流体与岩体接触被加热,然后通过生产井返回地面,形成一个闭式回路。

目前,欧美等发达国家已经进行了30年的研发,认为增强型地热系统技术上可行,资源分布广泛,高温油田区深层地热能开发潜能巨大,目前开采条件最好的是埋藏较浅的地热异常区。随着技术的发展,深层地热能开发成本将继续下降,可能降至当前成本的四分之一。美国政府对增强地热系统技术的研发投入大幅度增加。澳大利亚政府给予政策优惠,成立了全国地热能源组织和多个股份制地热公司,在全国重点地区开展用增强型地热系统技术开发深层地热资源的现场试验。

4. 新型核能系统

核能包括核裂变能和聚变能。目前,世界作为商业能源的核能仅是基于核裂变的核电站,制约其发展的问题主要是核原料的紧缺和核废料带来的环境问题。新型核能系统是人类未来彻底解决能源问题的希望所在。当前世界新型核能系统发展的主要方向:一是快中子堆,即利用快中子引发裂变反应并实现核燃料增殖的核反应堆;二是加速器驱动的核废料处理,即新的核废物嬗变及能量产生的核能系统;三是核聚变能系统,包括磁约束和惯性约束系统。

世界主要国家高度重视新型核能系统的研发。例如,美国等10国研发包括以氦气、钠或铅合金作载热剂的三种快中子堆在内的六种第四代核能系统,预计2020年前后选定堆型,2025年前后建成原型机组示范系统,2030年前投入使用。磁约束核聚变已突破了产生的聚变能超过加热功耗的瓶颈,多国联合启动了国际热核聚变实验堆(ITER)计划。激光驱动的惯性核聚变,美国有望在2010年前实现点火。核废料处理进入原理样机研究阶段,欧美已制定了从研发到工业示范的路线图。

我国在新型核能系统方面的部署主要是:大型先进压水堆及高温气冷堆核电站国家重大专项;超导托卡马克(EAST,类似ITER的小规模装置)重大科学工程专项,以10%贡献的股东身份参加国际热核聚变实验堆建设;我国急需在快中子堆、核废料处理和先进驱动方法的惯性聚变方面加强部署。

在通过引进、吸收、合作、创新,加快发展我国快中子堆技术的同时,应部署核废料处理的关键技术,其核心科技问题是中能中子核反应、核裂变放射性同位素性质研究和核分离方法创新。我国应结合散裂中子源发展加速器驱动的核废料处理,用20年左右的时间,实现关键技术突破、试验样机和示范装置研制,争取在2030年后进入实用。同时,发展先进特殊用途核反应堆,如空间飞行器的能源和核动力。

发展由激光、重离子与快磁约束点火装置组合的新聚变方法,其关键科技问题是研制稳定、可靠、高效的高能量驱动源,研究高能量密度物质的性质,探索原理上具有作为能源的稳定、连续、长寿命运行、对抗辐照材料要求低的新型惯性核聚变能源装置,经过持续不懈努力,最终实现惯性核聚变商用示范装置。

核电技术

核电技术已经经历了三代技术发展,第四代核电技术正在研发过程中。

核电站的开发与建设开始于20世纪50年代。1954年,苏联建成电功率为5000kW的实验性核电站,1957年,美国建成电功率为9万kW的希平港原型核电站,上述实验性和原型核电机组称为第一代核电机组。

20世纪60年代后期和70年代,在试验性和原型核电机组基础上,陆续建成电功率在30万kW以上的压水堆、沸水堆、重水堆等核电机组。目前,世界上商业运行的400多座核电机组绝大部分是在这段时期建成的,称为第二代核电机组。

20世纪90年代,为消除三里岛和切尔诺贝利核电站的严重事故的负面影响,世界核电界集中力量进行了研究和攻关,美国和欧洲先后出台"先进轻水堆用户要求"文件和"欧洲用户对轻水堆核电站的要求"。国际上通常把满足这两份文件之一的核电机组称为第三代核电机组。目前,已比较成熟的第三代核电压水堆有AP-1000、ERP和System80+三个型号。

第四代核能系统是一种具有更好的安全性、经济竞争力、核废物量少、可有效防止核扩散的先进核能系统,代表了先进核能系统的发展趋势和技术前沿。2001年,美国牵头会同英国、瑞士、韩国、南非、日本、法国、加拿大、巴西、阿根廷10个国家及欧洲原子能共同体共同成立了"第四代核能系统国际论坛"(GIF)并签署了《宪章》,其宗旨是研究和发展第四代核能系统,预计在2030年前投入使用。上述10个国家正式成为GIF成员国。此外,国际原子能机构、经济合作与发展组织核能署是GIF的观察员。

核聚变

核聚变是指由质量小的原子,主要是指氘或氚,在一定条件下(如超高温和高压),发生原子核互相聚合作用,生成新的质量更重的原子核,并伴随着巨大的能量释放的一种核反应形式。核聚变作为新型高效的能源利用形式而受到重视。经过30多年的发展,我国核聚变研究取得较大进展,新一代超导托卡马克(EAST)率先在我国建成和投入运行,标志我国核聚变研究步入世界先进水平;同时,我国已参加了国际热核聚变实验堆(ITER)计划,通过自主开发与国际合作相结合,积极探索聚变反应堆技术,全面掌握聚变实验堆技术。

5. 海洋能力拓展计划

海洋是人类认识最为肤浅的地表系统。我国对海洋的认识能力尤为落后,已成为我们开发与利用海洋的主要障碍。主要表现为:严重缺乏对海洋内部变化实时、长期、全面、同步观测能力,严重缺乏对海洋的精确观测资料,严重缺乏对太空、空中、海面、海底、陆上等观测数据的综合融合能力。其主要原因是相应的观测、研究和应用的手段、方法与平台缺乏且水平落后。

目前,为在海洋领域中获取优势,美国、英国、法国、德国、俄罗斯、日本等国都以建设"数字海洋"为目标,投入大量科技力量和资金。我国必须实施海洋能力拓展计划,尽快扭转落后局面,力争在日益激烈的全球化海洋竞争中占据主动地位。

海洋能力拓展计划的研究重点是:建设多维海洋实时观测与研究网络,主要包括天基对海观测、水下固定与机动观测、深海工作站、海洋浮标与潜标和海洋综合考察船;建设海天陆一体化信息综合处理系统,主要包括海洋基础数据库、海洋环境与动力过程模型、动态仿真、虚拟现实和可视化平台;提高海洋开发与利用能力,主要包括海洋资源开发、海洋生态管理、海洋航行安全、特定海区海洋作战环境和海洋灾害预警。

2020年前,逐步拓展到全部领海和经济专属区;2030年前后,逐步拓展到西太平洋和印度洋;2050年前后,拓展到全球公海。

6. 干细胞与再生医学

组织器官损伤和功能衰竭一直以来都是人类健康所面临的一大难题,完美的修复或替代组织器官创伤一直是人类的梦想。干细胞是一类具有生长出人体所有组织与器官的多潜能细胞。干细胞研究的最新进展以及以此为基础的再生医学发展,显示出实现这一梦想的现实可能和诱人前景,有望成为继药物治疗、手术治疗后的疾病治疗新模式,催生新一轮的医学革命。

目前,世界干细胞研究处在快速发展期,主要发达国家纷纷斥巨资参与这一领域的研发,例如,2004年美国加利福尼亚州投资30亿美元建立了再生医学研究所。奥巴马当选后,即宣布联邦政府将大力支持干细胞研究;日本通过早期战略性投资,在短短10年内后来居上,成为干细胞研究的"领头羊"之一。我国在干细胞领域虽有一定基础,但力量薄弱分散,与发达国家差距甚大,急需采取组织国家重大科技任务的方式进行战略性部署。

干细胞研究的核心科学问题是干细胞的自我更新、定向分化与体细胞重编程,而如何把干细胞安全有效经济地植入人体则是再生医学的核心问题。为此,要重点解决干细胞自我更新机制的分子机理,突破干细胞大量繁殖的瓶颈问题;阐明干细胞分化的分子调控网络,解决干细胞定向分化的技术问题;研究体细胞重编程机理,建立病人特异性多能干细胞系,解决组织与器官移植免疫排斥问题;探明干细胞安全植入路径,发展活体准确观测手段,建立体内功能修复评价方法。

力争用10年左右时间,使我国在干细胞和再生医学领域进入国际先进行列;再用10年左右时间,实现我国干细胞治疗的临床应用;再用10年左右时间,实现基于干细胞的再生医学的大众化应用。

美国加利福尼亚干细胞研究与治疗计划

2004年11月,美国加利福尼亚州的公民投票通过第71号议案——加利福尼亚干细胞研究与治疗计划,以每年3亿美元,连续10年,支持加利福尼亚州境内的大学、研究机构、公司等从事干细胞的基础研究、临床研究、技术开发与产业化,修建干细胞研究相关的基础设施,抢占生命科学领域的最新制高点。2005年初,成立了加利福尼亚再生医学研究所。其后,美国的新泽西州、康涅狄格州、威斯康星州和密苏里州等纷纷效仿,通过州立法支持干细胞研究。

日本干细胞研究计划

2000年前,日本还没有统一的干细胞计划,对干细胞研究的投入较少。2000年后,日本通过三个渠道支持干细胞研究,成绩斐然。一是自2001年以来,文部省每年安排近1000万美元的项目经费,支持干细胞研究。二是建立干细胞研究机构并稳定支持。2000年,在神户建立日本理化所发育生物中心,每年固定投入5000万美元,其中25%用于干细胞研究。2004年,在京都大学设立了前沿研究所和ICeMS研究所,每年有2500万美元用于干细胞研究,吸引和培养了发明诱导多能干细胞(iPS)技术的Yamanaka教授,他开启了干细胞研究的新篇章,使日本一跃成为世界干细胞研究的领头羊。三是提出诱导多能干细胞计划,日本政府在2008~2017年,每年投入1000万美元,支持诱导多能干细胞研究。

7. 重大慢性病的早期诊断与系统干预

目前,我国现行有关重大疾病的国家研究计划主要集中在治疗药物研发和重大传染病防治。重大慢性病防治最有效和最经济的办法是早期诊断和系统干预,这主要是由慢性病的特点决定的。如代谢性疾病和神经退行性疾病表现为人体健康状态的连续退化谱,多为终身性疾病,很难根治,愈后差,并发症危害大,致死致残率高。

实现早期诊断和系统干预,需要系统认知三大科学问题:在分子层次,主要发现各种基因、蛋白质和小分子组成的相互作用机理;在细胞、组织和器官层次,阐明疾病的不同表现形态;在群体层次,研究中国人群致病相关因素及其互动。

实现重大慢性病早期诊断的关键技术是:获取监测重大慢性病发生、发展的分子标记物,发展和完善最接近人体复杂系统的动物慢性病模型,寻找和鉴定中国人群的基因多态性以及相应的代谢特征,建立起早期诊断的新技术和新方法。实现重大慢性病系统干预的关键技术是:开发基于中医药的药物干预和基于营养科学的营养干预慢性病发生发展的新技术、新方法,建立全民健康数据管理系统。

力争在20年左右,解决我国重大慢性病早期诊断和系统干预问题,有效地开展基于我国人群特点的慢性病发生发展的早期监测,形成慢性病干预基地网络,有效推迟重大慢性病发生的年龄,降低其对我国人民健康的危害。

第三节　影响国家与公共安全的2个战略性科技问题

1. 空间态势感知网络

我国现有的空间信息获取能力,在覆盖范围、分辨精度、传输速率和全天候、全天时、准实时应用等方面,不能满足我国和平利用空间与维护国家安全的长远需要,因此,应加快发展空间态势感知网络。

空间态势感知网络是探测、监视、分析、识别和预报空间目标与空间环境特征及变化规律的综合技术系统,主要包括态势感知技术、空间组网技术、信息处理与传输技术等。

态势感知技术主要包括:空间目标监视和空间环境监测等。重点开展大型光电探测、相控阵雷达、天基探测、精密测轨预报和空间目标识别等技术研究,以及太阳监测、空间电磁辐射监测、电离层探测等,进行建模、预报、诊断和报警。

空间组网技术主要包括:利用无线电、微波或激光等构成空间通信链路,将空间信息获取节点高效连接,实现具有抗毁和自愈能力的天基网络。

信息处理与传输技术包括:将各类传感器获取的数据进行在轨实时处理,提取有效信息,进行智能判断,实现天基分布式自主智能信息处理,提供实时与准实时的快速应用;通过对信息内容的加解密和快速高效传递,提高空间信息传输过程中的抗干扰、抗欺骗、抗截获能力。

通过10年左右的努力,突破主要关键技术;在2030年前后,建成全球覆盖、全天候、全天时、高分辨率的空间态势感知网络,实现信息的准实时应用。

2. 社会计算与平行管理系统

开源情报时代的到来,赋予国家主权新的内涵,对国家安全提出重大挑战,如网络发展可能引发世界的"游戏化",即个人和非政府组织可以"游戏"般地对一个主权国家造成重大伤害,以至改变世界政治经济规则。目前希腊正在发生的大规模社会动乱就是一个有力的佐证。2008年5月,美国政府启动"国家网络别动部队"(National Cyber Range,NCR)计划,其核心是由军方实施的"超级保密"的"电子曼哈顿计划",预算达300亿美元,力争赢得"网上空间竞赛"。

我国信息网络发展迅速,一个"网上中国社会"初步形成,如何对信息进行有效采集、实时分析、快速精确大范围地发布和利用,成为关系国家安全和竞争力的重大战略问题。前瞻部署与此相关的社会计算和平行管理等核心科技问题至关重要。

社会计算主要是利用开源情报,对社会问题进行可控、可重复的模拟实验,实现对相关决策预案和可能事件的定性定量评估。平行管理是利用社会计算结果,仿真并预测真实事件的发生、发展过程,形成平行的人工过程,从而实现对事件的有效管理和控制。建立社会计算和平行管理系统,可以实现真实和虚拟社会的平行互动,有效支撑对重大突发事件的应急管理和对重大政策的模拟预评估。研发比Google等更高级的网上工具,开发比ERP更高级的综合控制和管理系统,提高生产效率、管理水平和产业竞争能力。

力争经过5年左右的努力,建立完备的社会计算和平行管理科学基础,在公共和国家安全领域得到实际应用;再用10年左右时间,建成应用广泛的社会计算和平行管理系统。

"国家网络别动部队"计划

美国政府于2008年5月全面启动"国家网络别动部队"(National Cyber Range, NCR)计划,声称美国将通过这一"电子曼哈顿计划"来发展"革命性"的新技术,赢得网上新的"太空竞赛",确保"网上美国"的安全。NCR预算达300亿美元,其内容"超级保密",由美国总统直接指示、美国国会直接命令美国国防先进研究计划署(DARPA)组织实施。历史上,由美国国会直接命令实施项目这仅仅是第二次(上一次是50年前由苏联卫星发射后而引发的"阿波罗登月计划")。NCR的核心技术是以人和社会为表征的复杂系统建模与仿真,其特色是利用计算手段对人与社会活动进行各种大规模、高保真网络测试与实验,特别是关于安全和幸存性的试验,用于国防、政治、社会和经济的决策支持和策略制定。值得注意的是,当许多国家的学者正在争辩此类问题的研究是否可行的时候,美国已跨出理论研究阶段,开始项目招标,全面进入工程实施的阶段。

第四节　可能出现革命性突破的4个基本科学问题

1. 暗物质与暗能量的探索

过去的十多年,由于实验和观测手段的提高,尤其是空间天文学的大发展,宇宙学进入了"精确宇宙学"的崭新时代。描述宇宙的基本参数的测量已达到百分之几的精度,许多过去悬而未决的重大问题已迎刃而解。但是,我们对宇宙的认识还很不充分。最新的观测表明,我们看得见摸得着的普通物质只占宇宙构成的4%,而宇宙的主要成分是暗物质(占22%)和暗能量(占74%),我们完全不知道它们是什么。今天的物理学正处于一场重大变革的前夜。一百多年前,物理学天空的"两朵乌云"催生了相对论和量子力学。物理学经过百年的轮回,又一次处在了一个十字路口。揭开"暗物质、暗能量"之谜,将是人类认识宇宙的又一次重大飞跃,可能导致一场新的物理学革命。中国应抓住历史机遇,在这场物理学的伟大变革中有所作为。为此,需投资建设几项关键性的探测暗物质、暗能量的重大实验装置,包括地下和太空的粒子探测器和在南极建立大口径天文望远镜,以取得第一手实验数据,在国际竞争中处于主导地位。

暗物质与暗能量

暗物质是指具有质量但不会和光发生任何作用的物质。

暗能量是指充满宇宙空间,使宇宙膨胀加速、具有负压力的能量。

按照现有理论,宇宙的总体物质—能量组分中,暗能量是主导成分,约占74%,暗物质约占22%。人类目前的知识,仅描述了宇宙的4%,对其余的96%,我们完全不知道它们是什么。

目前人类对暗物质的认识主要是:暗物质基本不参与电磁作用、不发光、电中性、长寿命、具有非相对论性;暗物质粒子与普通物质,以及暗物质粒子彼此之间的相互作用极其微弱;地球周围暗物质粒子的平均质量密度约为每立方厘米0.4个氢原子,它们以200~300km/s的高速运动,穿过我们每个人的身体,以及我们的所有科学仪器,从未留下痕迹。

暗能量的发现是20世纪宇宙学乃至物理学最主要的发现之一。这种神秘能量,基本不参与电弱作用和强相互作用,几乎不可能在地球上的实验中检测。它的压强为负,由此产生的排斥性质推动宇宙从早期的减速膨胀进入近期的加速膨胀阶段,其转折点在宇宙年龄的一半左右。暗能量和具有正常引力作用但基本不参与电磁作用和强相互作用的暗物质一起,构成了今日宇宙中96%的物质和能量,决定着宇宙整体的演化。这个发现彻底改变了"重子中心"的传统宇宙观,对当代物理学提出了巨大挑战。主流观点认为需要物理学革命来真正理解暗能量。通过宇宙学观测,我们有望精确测量暗能量的密度、状态方程和演化。

2. 物质结构调控

作为20世纪两个最主要的科学发现之一的量子力学,以及许多新奇物态及量子现象的发现和研究,使我们对物质结构的认知前进了一大步,对20世纪高技术的发展作出了重大贡献。然而,人们主要停留在"观测"、"解释"自然现象的阶段。现在,人类已处在一个"调控时代"的崭新起点上。基于对微观世界的精细观测和深刻理解,可以逐步实现对构成物质的原子、分子,乃至电子的调控,逐个原子、逐个分子地生长晶体,可以探测和操控单个电子、单个光子、单个自旋等,可以按需要设计、合成新的材料,调节微观粒子间的相互作用,影响新奇的物态,如超导、超流、巨磁阻、巨电阻等。

研究重点包括:单量子态的调控;小量子体系的量子调控;量子凝聚体的调控;超强、超快激光和精密测量;量子信息和量子计算;新材料、新现象、新的信息载体的探索等。

这是人类对物质世界认识的一个新飞跃,其突破必将为能源、信息、材料等科学的发展开辟广阔的空间,其意义不亚于量子力学的建立导致的20世纪的信息革命。我国应抓住这一战略机遇,加紧部署和研制先进光源、先进中子源、极端条件实验装置和微纳精密加工设备等,围绕重点方向,优选人才,持续支持,争取在5～10年内走到国际前列；再经过5～10年，取得重大原创性的科学发现，在可能发生的新技术革命中把握先机。

3. 人造生命和合成生物学

近年来，"人造生命"概念的提出及相关科学技术研究的初步成功，展示了生命科学发展最激动人心的重大突破。科学家已经从最简基因组构建出发，经过基因组导入、基因组全合成以及可自我复制的高分子有机物在人造膜微粒"原细胞"中合成等发展阶段，逐步建立了"合成生物学"这一崭新的研究领域，为生命起源和生物进化的研究开辟了整合的、精准实验的新途径，继古生物化石研究、关键史前生物体的分子进化研究、地球孑遗环境生物以及外空生命迹象发现与研究之后，为解决这个基本科学难题带来了新希望。

"合成生物学"建立在基因组学和系统生物学理论和工程生物技术综合的基础之上，以创制人造生命、解析生命本质为核心科学问题，着重阐明简单生命特征，实现单细胞生命的合成及"细胞工厂"、"分子机器"的人工改造；认识复杂生命体系分化、演化机理，解析生命进化过程中环境与基因互作机理，实现高等生物细胞的编程与重编程的人工调控。为此，要突破生物分子（及模块）合成、整合、复制以及代谢网络形成与调控等关键技术；同时，还要关注"人造生命"的哲学理论和方法学、生物伦理、生物安全和环境保护等问题。

这一领域起步不久，但发展势头迅猛。我国应迅速部署，采用设置战略专项等方式，优选目标，集中队伍，建设高通量生物分子合成、结构解析和网络检测平台，力争用5～10年的时间，使我国在这一创新领域里走到世界的前列；再用5～10年的时间，取得一批原创性的成果，提高人类认识自然规律的水平，产生一系列具有应用前景的新方法、新技术和新"品种"，推动经济和社会的发展。

人造生命的重大突破

2007年6月，美国人克雷格·温特尔（J. Craig Venter）的研究团队在Science发表论文报道：他们将丝状支原体（Mycoplasma mycoides）的几乎不带蛋白质的裸露DNA移植到一个与其密切相关的山羊支原体（Mycoplasma capricolum）的细胞中，首次实现了不同细菌种类的整个基因组的替换，将一种物种变为另一物种，向从零开始构建简单的基因组迈出了关键一步。2008年1月，温特尔和他的研究团队又在Science上发表文章，宣布他们已经完全利用化学方法合成了长度达582 970bp的生殖支原体（Mycoplasma genitalium）的基因组，向创造"人造生命"（artificial life）又迈进了一步。人工化学合成病毒和细菌基因组的实现，预示着人工设计和构建生命体将成为可能。其后，美国麻省总医院霍华德·休斯医学研究所（Howard Hughes Medical Institute）的Jack W. Szostak研究组宣布他们初步合成了简单的人工单细胞（即在人造膜微粒"原细胞"中实现寡聚核苷酸模板指导下的遗传多聚物的合成）。

资料来源：Lartigue C, et al. 2007. Science, 317(5838):632–638
　　　　　Gibson D G, et al. 2008. Science, 319(5867):1215–1220
　　　　　Mansy S S, et al. 2008. Nature, 454(7200):122–125

4. 光合作用机理

光合作用是利用太阳能把二氧化碳和水等无机物合成有机物并放出氧气的过程。地球上几乎所有生命活动所需要的有机物、能量和氧气都直接和间接来源于光合作用。光合作用机理的突破，可大幅提升光能转化效率，大幅提高粮食和植物资源的产出，并对太阳能光生物转化利用生产清洁燃料、仿生模拟光合作用机理开辟太阳能利用的新途径、实现农业及可再生能源的可持续发展都具有革命性意义。

光合作用本质上是常温常压下可见光驱动水裂解产生电子、质子和氧气过程，其在植物光合膜上能量传递效率可高达94%~98%，在反应中心能量转化的量子效率几乎可达100%。光合作用的核心科学问题是阐明其高效吸能、传能和转能的分子机理及调控原理，碳素同化的代谢网络及调控因子。核心技术问题是:挖掘光能吸收、传递和转换的潜力,挖掘重要调控光能利用和转化的功能基因,通过遗传改良提高作物光能利用效率,研制高效的太阳能生物转换器与仿生转化器。

光合作用研究一直受到国际科技界和许多国家的高度重视,如美国2002年提出用20年左右使植物光合作用光能利用效率提高1倍,并制定了至2030年的生物质路线图。我国在这一领域整体水平上与发达国家相比差距甚大,国家科技规划中光合作用研究虽有部署,但力度明显不够,需要集中力量,进行定向攻关,在机理研究和应用两个方面取得重大突破。

力争在10年内提高重要作物光能利用效率10%～30%;10～20年内在光合作用分子机理及调控原理方面取得重大突破;20～30年内提高主要作物稻、麦等(包括能源植物)光能利用效率100%。在太阳能光生物转化的利用方面,提高藻类光合放氢及制备生物柴油效率并研制生物太阳能电池,在10～20年内发展具有自主知识产权的新原理和新技术及产业化的途径和示范。

第五节　发展迅速的3个综合交叉前沿方向

1. 纳米科技

纳米科技将深刻影响现代科技和经济的发展,其研究开发已经成为世界高新技术战略竞争的前沿和热点。其核心科学问题是:纳米尺度下复杂的物理、化学和生物现象,纳米结构组成的宏观材料或系统中的多尺度、多种性质协同效应,纳米系统及与其连接的界面体系。我国一直高度重视纳米科技研发,"十一五"期间,通过"纳米研究"重大研究计划对纳米科技进行了布局。我国纳米科技研究发展迅速,整体研发水平已进入世界先进行列。下一步研究的重点是在物质、生物科学和工程领域开展纳米尺度新现象、新效应与新应用的研究,通过深入了解纳米尺度下材料生长、组装、演变及与生物体系交互作用等基本过程,形成以原子、分子为起点的纳米材料研发、纳米结构设计和制备,以及新功能的发现能力,促进纳米技术在通信、能源、制造、健康和环境等领域的应用。我国应以重大研究计划的方式持续支持纳米科技领域的研究,力争在这一重点领域实现跨越发展。

2. 空间科学探测及卫星系列

空间科学是以航天器为主要工作平台,研究发生在日地空间、行星际空间,乃至整个宇宙空间的物理、天文、化学及生命等自然现象及其规律的综合性交叉科学。自1957年苏联发射第一颗人造卫星以来,空间科学得到了快速发展,已经发射的空间科学卫星和深空探测器有数百颗,近年采用空间探测数据开展科学研究的科学家多次获得诺贝尔奖。

我国自1970年4月发射第一颗人造地球卫星以来,已成长为航天大国,但还不是空间强国,在空间科学领域的差距更大。世界各大国在空间科学领域都有中长期发展规划,我国必须尽快改变空间科学研究缺少第一手探测数据的落后局面,建立服务于空间科学研究的卫星系列,推动我国在空间科技这一具有重要引领作用的战略高技术领域的跨越发展。

空间科学卫星系列将按照重点研究领域进行布局。围绕宇宙起源、黑洞、暗物质和暗能量研究,建立空间天文卫星系列;围绕太阳、行星、太阳风及其与地球的相互作用、全球变化的地球系统科学问题研究,建立太阳系(含地球空间)探测卫星系列和地球观测科学卫星系列;围绕空间环境下物质与生命的运动与活动规律以及生命起源研究,建立微重力和空间生命科学返回式卫星系列。为保持可持续发展,建议"十二五"期间,每个系列安排1至2个卫星计划;"十三五"期间,每个系列安排2至3个卫星计划。

3. 数学与复杂系统

复杂性科学或复杂系统的基本任务是探索复杂性,寻找复杂系统中蕴含的简单规律。复杂系统研究的任何实质性进展，将会有力推动许多学科领域一些疑难问题的解决，具有全局性和带动性。复杂性科学主要包括自然界演化过程中形成的复杂系统、社会复杂系统、工程复杂系统等，涉及数学、自然科学、工程学、经济学、管理学和人文与社会科学等众多领域。其研究重点包括：数学的重大核心问题，数学、系统科学与自然科学其他学科、工程技术和社会科学的交叉研究，具体包括：重要的数学物理方程，生命科学中的数学方法，复杂系统的多尺度建模与计算，机器智能与数学机械化、随机复杂结构与数据的理论与方法，多个体复杂系统集体行为及其干预与控制、复杂网络系统、复杂自适应系统研究等。我国应对复杂科学的研究给予持续稳定的支持，力争在这一重要领域取得原创性重大突破。

第五章

中国特色的科技创新道路

胡锦涛总书记在2008年6月两院院士大会上指出"要坚持走中国特色自主创新道路"。中国的许多领域已经走出了有特色的发展道路，如有中国特色的社会主义民主政治发展道路，市场调节为基础与政府调控为主导相结合的经济发展道路，继承中国传统文化与吸收世界优秀文化相融合的文化发展道路。而我国科技创新总体上还是跟踪模仿，特色尚不明显，还未真正走出符合规律和国情的科技创新发展道路。

纵观世界各国科技发展的历史，一般都经历从模仿到创新的过程，而从以模仿为主到以创新为主的根本转变都不是自然发生的，那些成功实现转变的国家，都是从本国国情和发展阶段出发，主动探索实现转变的途径和方式，有目的地调整国家科技创新的战略重点和方向，进行系统前瞻的科技布局，并适时调整科技体制机制。实现转变的主要举措包括：政府投入重点支持关系长远的基础与前沿研究，重点支持关系国家竞争力与安全的战略高技术创新；着力营造有利于创新创业的制度与文化环境，有重点地培植企业的技术创新能力和竞争优势，鼓励和支持符合本国发展需求和资源条件的创新活动；着力更新教育思想，改革教育体制，培养青年人的创新意识、创新能力和创新精神，在创新实践中凝聚和造就一流创新创业人才。

走中国特色的科技创新道路也同样面临从模仿跟踪为主向自主创新的战略性转变。国情不同、发展阶段不同、历史不同、文化不同,决定了中国应当借鉴但决不能简单照搬他国科技发展的模式,科技创新要面向世界前沿但决不能跟在发达国家后面亦步亦趋,从中国现代化进程的需求出发,走出一条自己的发展道路。

中国现代化建设所要求的八大经济社会基础和战略体系明确了未来我国科技发展的着力点,为实现八大体系目标而形成的重要领域科技发展路线图,具体规划了从现在到2020年、2030年(2035年)和2050年科技发展的战略重点、重大任务和实现路径。路线图的有效实施,将使我国有可能在新的科技革命中占得主动,实现从模仿到创新的跨越,有力支撑我国现代化建设。

探索中国特色的科技创新道路,就是要坚持对外开放,走以我为主、有效利用全球创新资源的道路;坚持以人为本,走立足创新实践凝聚与造就创新创业人才的道路;坚持立足国情,走政府主导与市场基础配置有机结合的道路;坚持深化改革,走国家创新体系各单元分工合作、协同发展的道路;坚持统筹协调,走以管理创新促进科技创新的道路。

自主创新与创新型国家

自主创新是指能够自主选择创新目标、主导创新过程、拥有和运用主要创新结果的创新活动。自主创新能力主要包括:发展科技生产力的能力,革新体制机制的能力,营造创新文化的能力,创造需求与市场的能力,有效集成全球创新要素的能力。

创新型国家一般是指经济社会发展主要依靠创新驱动的国家。进入新世纪新阶段,科技进步日新月异,创新活动日趋全球化,正成为经济与社会发展的主要驱动力量。建设创新型国家成为世界主要国家的战略选择,科技创新能力成为建设创新型国家的核心要素。

中国特色创新型国家,应当是创新能力强、创新效益高、创新环境好、创新创业人才辈出的国家。创新能力强,就是具有强大原始科学创新能力,能够在科学技术突飞猛进和科技革命中把握先机并从容应对;

具有强大关键核心技术创新能力,能够在日趋激烈的国际经济、科技竞争和新军事变革中逐步占据主动地位;具有强大系统集成创新和引进消化吸收再创新能力,能够在开放的环境中有效吸纳国际创新资源;科学系统认识我国自然环境和基本国情,能够实现人与自然和谐发展和社会可持续发展。创新效益高,就是具有高效通畅的技术转移机制,具有高效的科学知识传播机制,能够使科技创新产生的经济和社会效益惠及广大人民群众,为我国和世界先进文化发展作出重大贡献。创新环境好,就是具有先进、健全的法律、政策和制度,具有先进创新文化、良好创新创业社会氛围,具有符合我国国情、充满生机活力的创新体系。创新创业人才辈出,就是拥有世界上最宏大的创新创业队伍,具有很强竞争实力和持续创新能力;创新型人才不断涌现,不断开辟新领域,创造新产业,保证和支撑我国经济社会持续快速健康发展。

第一节 坚持对外开放,走以我为主、有效利用全球创新资源的道路

中国的现代化进程是在对外开放和全球化背景下进行的,要以开放的心态对待人类创造的一切知识,把有效利用全球创新资源作为创新跨越的起点,作为自主创新的重要基础,切实防止把自主创新异化为自我封闭,搞大而全小而全。必须不断前瞻,把握世界发展大势,提升我国科技的战略眼光,围绕八大经济社会基础和战略体系建设,不断明晰重要科技领域的战略和发展路线图。

加强国际科技交流与合作。坚持独立自主、合作双赢,立足前沿、着眼长远,突出重点、注重实效的原则,开展全方位、多层次、高水平的双边与多边科技合作,有效吸纳国际科技创新资源,有目标、有重点地引进人才、智力和先进技术与管理,促进我国科技创新能力的大幅提升,使我国成为在世界范围内开展国际科技合作十分活跃、在区域科技合作中起引领或核心作用、在重要国际科技组织中发挥积极影响的国家。

必须清醒地认识原始创新是一个国家国际竞争力的源头,

重大战略高技术是引不进、买不来的，切实做到以我为主，对重要领域科技路线图明确的事关国家发展全局和安全的核心科学问题和关键技术问题，做出国家层面的战略安排，集中力量解决22个战略性科技问题，重点突破关键技术，部署重要领域的基础研究，加强先导技术创新，加强引进消化吸收再创新，完善知识技术人才转移转化和规模产业化的有效机制，大幅降低技术对外依存度，大幅提升自主创新能力，逐步取得战略主动权。

必须充分预见到，随着经济规模进一步扩大、产业结构升级和外贸份额的提升，我国必将面对更加激烈的国际竞争，面对一些发达国家的不公平对待。我们要有所安排，完善国家知识产权战略，积极参与国际知识产权规则的制定和修改。

必须组织全国优势力量，支持企业关键核心技术创新，提升国际市场竞争力，加快从低端市场走向中端市场，逐步进入高端市场，打造以创新为主要驱动的具有国际竞争力的大型企业，鼓励扶持一大批科技创新型中小企业，提高国家总体技术创新能力。

日本集成电路技术的赶超

日本集成电路的发展经历了引进、模仿到创新的阶段。

1968年，日本企业通过与美国德州仪器合资建厂、获得专利等方式，大批引进技术。1970年前后，日本民用电子产品的热销一度拉动了日本国内的集成电路发展，但产品缺乏国际竞争力，关键技术远落后于美国，产值只有美国的10%。

1976年3月，日本组建了官民一体化研发机构——超大规模集成电路技术研究组合。该"组合"由日本通产省和五大半导体计算机企业组成，参与合作研发的上游企业数多达50余家。同时，通产省在该"组合"下设一个"共同研究所"，研究目标是在10~20年内能够实用化的技术研发上，研究任务大约占整个项目的20%；另外80%的研究任务则由各参加企业的研发机构承担，重点研发短期的实用化技术。经过4年努力，成功实现了从引进、模仿到自主创新的跨越转变。

"组合"启动以前,日本半导体生产设备的80%左右依赖从美国进口,80年代中期,全部半导体生产设备都实现了国产化,至80年代末,日本的半导体生产设备的世界市场占有率超过了50%。1985年,日本半导体材料的世界市场占有率达到60%,两年后又进一步上升到70%以上。其后的10年间,除个别年份外,日本半导体产品的国际市场占有率都一直高于美国。

资料来源:谷光太郎.1994.半导体产业の轨迹.东京:日刊工业新闻社,75-83,150-183

新井光吉.1996.日米の电子产业.东京:白桃书房,118-137

韩国电子工业的模仿和创新

韩国电子工业的发展始于20世纪60年代中期。1969年,韩国政府出台了《电子工业长期扶持计划》,将电子工业作为战略出口工业来扶持,开始了从模仿到创新的发展过程。

模仿首先从处于成熟期的简单技术开始。主要采取分解研究国外样机、购买国外技术许可和聘请外国技术人员来企业等做法。到1976年,韩国电子产业产品出口额超过了10亿美元,远远高于原计划4亿美元的目标。随着韩国企业竞争力的提升,国外已不愿意提供专利技术。韩国企业财团建立起广泛的企业研发网络,通过开展长期研发项目,支撑企业新的发展方向;通过在美国、日本、欧洲建立海外研发网络,监测最前沿的技术发展和开发最新产品,同时选聘国外优秀科学家;通过对国外公司的兼并和控股,韩国企业迅速与国外领先者结成战略联盟。经过从模仿到创新的努力,韩国电子工业在一代人的时间里,具备了国际竞争力,发展成为世界第四大生产商,在某些产品上成为国际市场的开拓者。

资料来源:金麟洙.1998.从模仿到创新——韩国技术学习的动力(中译本).北京:新华出版社

中国对外开放中的国际科技合作

1974年,中国科学院与德国马普学会签订合作协议,奏响了我国对外开放的先声。1978年1月21日,中国与法国签署了双边科技合作协定;同年10月,中国政府科技代表团访问联邦德国和法国;1979年1月,邓小平访美并签署两国科技合作协定,开启了中国与西方国家科技合作的大门。

到2008年,中国已与152个国家和地区建立了科技合作关系。中国已成为众多国际科学计划积极和重要的参与者,并实施了若干以我为主的国际科学合作计划,如中医药国际合作计划和可再生能源与新能源国际合作计划等。中国已经加入了1000多个国际科技合作组织,并有206位中国科学家在350个国际科技组织中担任各级领导职务。中国国际科技合作的规模与影响日益扩大,西方发达国家正逐渐视我为平等的合作伙伴和参与者。

资料来源:中国对外开放30周年回顾展.http://kaifangzhan.mofcom.gov.cn

美国《科学》杂志社论:中美科技合作30年

2009年1月30日,美国科学促进会科学技术与安全政策中心主任Norman P. Neureiter和国际合作部主任Tom C. Wang,在《科学》杂志发表社论,回顾了中美科技合作的30年历史,并对中美科技合作的前景和面临的挑战作出了展望。

社论说,1972年尼克松总统和周恩来总理签署的《上海联合公报》结束了美中长达23年的隔阂。公报中涉及美中科技合作的只有短短的一句话。公报签署以后,两国科学家和学者间的交流逐渐增加,其中美方主要是由非政府性质的美国科学院来推动的。6年以后,总统科学顾问Frank Press率领的访华团几乎囊括了美国联邦政府机构的科技代表,这预示了1979年两国建立正式的外交关系,并为两国签署正式的科学技术合作协议奠定了基础。正是在整整30年前的这个星期,美国总统卡特和中国领导人邓小平签署了科技合作协议。

社论说,新当选的美国总统奥巴马坚信科学可以在解决美国国内和国际问题中扮演重要的角色。值此30周年庆祝之时,回顾和评价美中科技关系并确保这种关系在通向未来的正确轨道上运行是非常有意义的。

社论概括了中美合作现状的一些数据,指出有超过100万的中国学生曾经在美国学习,其中三分之二分布在科学与技术领域,其中很多人留在了美国。如今美国大约8%的科学与技术领域的博士学位授予了出生在中国的留学生。近些年,中国在国际期刊上发表的科学与工程类论文中,将近40%的论文拥有来自美国的共同作者,同时将近8%的美国论文拥有来自中国的共同作者。2004年,在中国全部研发投入中,大约6.22亿美元是由中国境内的美国公司或者相关机构提供。除了太空探索领域,中美两国大学以及官方实验室之间的合作非常广泛,并且形式多样。另外,中国公开表示,它的未来发展之路的强大驱动力主要来自于科技,政府正对科技、基础设施和教育各领域给予必要的投入。

社论说,科学是一种共同的语言,可以在不同的文化之间架起桥梁,减少互不信任,增进透明度。奥巴马政府应当努力将中美科技合作提升到一个新的水平。由美国总统科学顾问和中国科技部部长担任主席的科学技术联合委员会应当召开年度会议(而不是目前两年一度),2009年的这次会议应当制定出未来10年的研究合作计划,特别应当关注两国共同面临的诸多全球问题,例如气候变化、能源、食品、健康以及安全问题等。美国需要注入更多的资金,作为美国研究机构在这些领域的研究项目的补充。美国必须确保所有合格的中国科学家及时获得赴美签证,保证美国的出口控制在确保美国国家安全的同时没有阻碍美国公司全面参与国际民用经济活动。

社论最后总结说,美国与中国结为真正的科技合作伙伴关系拥有双重的远大战略意义,它不但有助于为全球不断增长的人口寻找可能的科技解决方案,而且也将减缓中美总体关系中不可避免的紧张因素。

资料来源:Norman P. Neureiter, Tom C. Wang. 2009. U. S-China S&T at 30. Science, 323 (1): 561

中国科学院与德国马普学会的合作

1974年,德国马普学会主席吕斯特教授访华,开启了中国科学院与马普学会科技合作的大门。1978年,中国科学院通过德国洪堡基金等向德国派出改革开放后的首批访问学者。1985年中国科学院与马普学会决定在上海细胞与生物学研究所内建立中德细胞生物学客座实验室,这种新颖的合作方式开辟了开放、流动的新路。

20世纪90年代,中国科学院为加快科研体制改革和青年学术带头人的培养,借鉴马普学会的"青年科学家小组"模式,共同从世界范围内选聘优秀青年科学家,相继建立9个中国科学院马普学会青年科学家小组和15个伙伴小组。第一个青年科学家小组组长裴钢在其后成为中国科学院新组建的上海生命科学院第一任院长，并于2001年当选为中国科学院院士。第一个青年科学家伙伴小组，在纳米材料研究领域做出了一系列开拓性研究工作，组长卢柯已于2003年成为中国科学院最年轻的院士。

2002年3月，中国科学院与马普学会正式成立上海交叉学科中心，以促进国内外多学科的联合与协作，培养青年科学家的创新思维和创新能力。2005年，中国科学院马普学会计算生物学伙伴研究所成立。

2004年5月，在中国科学院与马普学会合作30周年之际，国家主席胡锦涛、德国总统约翰内斯·劳专致贺信，盛赞中国科学院与德国马普学会之间的科技合作取得很大成就，堪称国际学术合作的典范。

美国对华技术出口管制

美国技术出口管制体系主要由两大部分组成。第一部分主要管理民用项目，重点是军民两用技术和产品的出口项目。其主要法律依据是《出口管理法》和《出口管制条例》。第二部分主要管理军用项目，即武器、军火及防务技术、产品和服务的输出。其主要法律依据是《武器出口控制法》。

美国技术出口管制始于第二次世界大战。战后因冷战原因不断得到发展和强化，成为美国经济遏制战略的主要工具之一。1949年，美国国会通过了第一部《出口管制法案》，将战时临时性的出口管制措施固定化和永久化。1969年，美国制定了新的《出口管理法》，但技术出口管制的实质并没有改变，相反在某些方面还有所强化。

1991年5月，美国政府因政治原因，禁止向中国出口"东方红-3号"通信卫星所需部件，限制出口每秒运算4100万次以上计算机，两年内禁止向有关公司出口技术和设备。1993年8月，美国进一步施加所谓的"第二类制裁"，涉及电子、航空、航天等一系列技术的对华出口。2007年6月美国商务部公布了《对中华人民共和国出口和再出口管制政策的修改和阐释；新的经验证最终用户制度；进口证明与中国最终用户说明要求的修改》，受到出口管制新规定影响的美国产品包括：飞机和飞机发动机、水下照相和动力系统、航空电子设备、导航系统、特定复合材料、激光、贫铀、用于太空通信或空军的通信设备等。

2009年1月，中美两国商务部在北京签署了一项放宽对华高技术产品出口管制的原则性文件《中美关于经验证最终用户现场访问问题的换函》，允许美国出口商直接向获得授权的外国最终用户出口特定两用物项,无需申领出口许可证。新政策意味着今后中国客户只要取得美国政府一次性的认证,就可以购买美国的高技术产品,无需逐次申请。中国目前已有5家企业获得"经验证最终用户"授权。但是中国至今仍是美国出口管制政策的重点对象。

资料来源:http://news.xinhuanet.com/world/2009-01/21/content_10697390.htm
　　　　　http://news.xinhuanet.com/fortune/2007-06/19/content_6263232.htm

第二节　坚持以人为本,走立足创新实践凝聚与造就创新创业人才的道路

中国的现代化是中华儿女的百年追求,中国的快速发展正在和将提供世界上最为广阔的创新创业舞台和最为多样的创新创业机会,同时全球化条件下的高层次创新人才国际竞争日趋激烈。从我国人才队伍建设的现状看,尚不适应建设创新型国家的要求,不适应应对新科技革命挑战的要求,突出表现在:人才结构不尽合理,战略科技专家和尖子人才缺乏,高技能人才不足,企业工程技术人才质量有待提高;人才流动存在体制性壁障,各类人才有序流动和动态优化的机制尚未建立,相应的制度法规和社会保障体系有待完善;教育结构与社会需求不相适应,教育资源配置不合理,应试教育现象依然严重,素质教育、创新教育和能力培养尚未得到应有重视和真正落实,不利于创新创业人才的培养。

面对这样的态势,必须采取有力措施,用创新事业吸引和凝聚人才,在创新实践中识别和造就人才,努力造就一批德才兼备、国际一流的科技创新人才,建设一支规模宏大、结构合理的高素质创新创业队伍。

不断造就高层次科技领军人才。高层次科技领军人才决定着创新的方向和技术路线,在很大程度上决定着创新的成败,是一个国家或团体最重要的资源,在很大程度上代表着一个国家和团体的科技水平。围绕重要领域科技发展路线图战略研究和

组织实施,提升高水平科技专家的战略眼光和组织能力,造就一批战略科技专家;抓住海外高层次科技人才回国创新创业势头已成的机遇,加大引进高层次科技人才的力度;加快建设国家科技创新人才培养基地,结合科技创新实践,培养造就科技领军人才和尖子人才。

加强企业工程技术人才培养。结合产学研合作,鼓励大学和研究机构以多种形式为企业培养、培训人才,鼓励高层次人才向企业流动,鼓励企业投资大学加强工科教育,鼓励大学和研究机构在企业建立实习基地和博士后流动站,形成多层次、有规模、相互促进的产学研联合培养人才的局面。

切实加强青年人才的培养。青年人才创新活力强、创新潜力大、创新热情高,代表着科技的未来,科学史表明,重大科技创新成就往往是由青年人才做出的。要高度重视青年人才的培养和造就,遵循人才成长规律,按照不同年龄段人才创新活动的特点,调整完善国家各类青年人才培养计划,扩大已有计划中对青年人才的支持范围,使更多的青年人才尽早走上创新舞台,提高其创新能力和竞争实力,同时引导青年人才树立爱国情怀,增强使命感和责任感。

大力革新和发展教育。切实推进教育改革,改革应试教育,更新教育观念,促进教育公平。教育要面向未来,必须前瞻考虑我国现代化进程不同阶段产业结构和就业结构的新变化,前瞻考虑我国建设创新型国家和实现科技跨越发展对人才的新需求,系统设计和调整教育结构、专业设置等,改革教育内容、方法、手段和模式,培养适应我国现代化建设要求的劳动者和创造者。以提高全民科学文化素质为重点,全面加强基础教育;以培养技术型和技能型人才为重点,大力发展职业教育;以提升创新意识和创新能力为重点,切实提高高等教育质量,建设适应知识经济时代要求的终身学习的国民教育体系。

构建人才竞争发展的环境。竞争发展是人才成长的规律,通过竞争使创新资源向优秀人才富集,使各类人才尽展才华,是体现社会公平的有效手段。改革人事管理制度,建立我国现代科技人力资源管理体系。实现人才管理由行政管理向法制管理的转变,发挥市场在人力资源配置中的基础作用,保证用人单位自主权。构建竞争择优、绩效优先、公平公正而又有利于科技人才学有所用、合理流动的制度体系,建立体现科技创新人才创新价值、市场价值和兼顾公平的薪酬体系。坚持充分反映创新创业人才业绩和能力的评价导向,对不同领域、不同性质的创新工作和不同层次的创新创业人才实行分类评价,建立健全评审专家资格审查和诚信制度,建立科学公正的人才评价机制。打破地区、部门、行业人才流动的体制壁障,加快推进社会保障体系建设,建立人才角色转换、有序流动、动态更新与优化的机制,形成科学合理的宏观结构。

科技人才三波段理论

大量研究表明,人的创造力与年龄有着十分密切的关系。在2006年度中国科学院工作会议闭幕式上,路甬祥院长提出了科技人才"三波段理论"。

第一个波段是35岁以下年龄段的青年人才。一般是博士生阶段和博士毕业后5~7年,正是创新热情高、创新活力强、敢于挑战权威的时期。他们是科研工作的重要生力军,也是创新骨干的后备力量。对他们不能简单地只作为助手使用,而应立足培养,鼓励其做原始科学创新与关键技术创新,既要给予稳定和必要的支持,又要保持充分竞争,通过设立支持优秀青年人才独创科学思想的专项启动经费、采用博士后或项目聘任方式支持、放宽课题申请对职称与岗位要求、提供出国进修或合作研究机会等方式,为他们创造力的发挥创造良好的条件与环境。这个"波段"的人才也是流转较为活跃的部分,应建立规范的流动、聘用和晋升机制,对在竞争中脱颖而出的优秀人才,应及时聘任为高级创新岗位或高级项目聘任岗位。

第二个波段是36~55岁的科技人才。这类人才是科研骨干,一般已取得高级职称,对他们应立足提升水平与能力,放手让其承担重大科技任务,不断提高其领导和组织科技创新的层次和水平,提升战略眼光,培养其成为学术带头人或重大项目负责人。对其中的杰出人才,可以聘为终身研究员(tenure)岗位。科技尖子人才大多集中在这个"波段"。这一"波段"人才也应有年均5%~10%的流动率,引导他们有序合理流转,以利学科更新和队伍结构优化。

第三个波段是55岁以上的科技人才。这类人才一般已过了创造高峰期,应主要发挥其功底扎实、经验丰富的优势。对进入固定岗位的人员,要让他们在带队伍、指方向上多做工作,使其中一部分成长为战略科技专家。对没有进入固定岗位的人员,应广辟渠道,鼓励引导他们从事成果转化、教书育人、科学普及等工作。

三个"波段"之间的界限不应严格以年龄来界定,其基点在于充分发挥处于不同年龄阶段,具有不同特长人才的作用。形成创新人才队伍有序流动、动态更新与优化的机制,保持创新队伍的活力和合理结构。

海外高层次人才引进计划——千人计划

该项计划由中共中央组织部推出,主要是围绕国家发展战略目标,从2008年开始,用5~10年,在国家重点创新项目、重点学科和重点实验室、中央企业和国有商业金融机构、以高新技术产业开发区为主的各类园区等,引进并有重点地支持一批能够突破关键技术、发展高新产业、带动新兴学科的战略科学家和领军人才回国(来华)创新创业。在符合条件的中央企业、大学和科研机构以及部分国家级高新技术产业开发区,建立海外高层次人才创新创业基地,推进产学研紧密结合,探索实行国际通行的科学研究和科技开发、创业机制,集聚一批海外高层次创新创业人才和团队。

此前,中国推出的大型海外人才引进计划,主要是1994年起中国科学院实施的"百人计划"和1998年起教育部实施的"长江学者奖励计划"等,已经吸引了大约4000名优秀人才回国。

资料来源：http://renshi.people.com.cn/GB/139629/8642222.html

发达国家的科技人力资源管理的改革

发达国家科研团体一般都有较长的发展历史,过去都实行国家公务员制度,法律制度严格,用人制度僵化,职务等级分明,薪酬体系稳定,缺乏有效激励。近年来,全球化科技创新人才竞争日趋激烈,发达国家主要科研团体都对现有人事管理制度进行了不同程度改革。

一是力图摆脱国家公务员体制的束缚,引入任期合同制,并采取多种形式,把雇员工作绩效与其岗位聘用、职务晋升、薪酬福利更紧密挂钩。例如,美国国立健康研究院采用"5+6"共11年的连续评议淘汰机制,研究人员最高研究职位为终身研究员(tenure),拥有独立使用研究经费、人员及其他资源的权利,其下职位统称为tenure track,最终能成为其终身研究员的人员约占总人数的5%。

二是着力突破对未来科技创新人才成长的体制性束缚,采取多种灵活方式,在体制外进行政策及制度安排,为青年科技人才创造更多的舞台和机会。例如,日本理化研究所建立青年科学家培养制度,包括:青年研究伙伴制度,择优支持不满30岁的在读后期博士研究生,在主任研究员的指导下从事兼职的课题研究;基础科学特别研究员制度,支持未满35岁、拥有博士学位、有潜力和创见的年轻学者,在自由的研究环境下,自主进行有关课题研究;独立主干研究员制度,择优支持不满40岁、取得博士学位并有3年以上研究经历的优秀学者,为其配备相应的研究组,进行具有独创性的研究工作。

三是着力改变传统的固定人员为主的雇员结构,采取多种方式,大量使用流动和客座人员,吸纳全球创新智力资源,保持队伍的活力,一些团体也开始培养研究生。例如,德国马普学会采取固定人员与流动人员相结合、专职人员与兼职人员相结合的人事管理制度,促进人员流动,吸引国际人才,防止年龄老化和知识老化,在某种程度上达到优化年龄结构和知识结构的目的。

四是着力突破传统人事管理制度的束缚。例如,1999年,德国联邦政府对马普学会实行政府拨款包干使用,实行了新的人事管理机制,其主要手段是确定人员费用分配额上限,确定无期限劳资关系人员费与机构运行费的比例,废除了对马普学会的人员编制限制。美国国立健康研究院授予各级管理者更灵活的用人权和管理权。

资料来源:中国科学院规划战略局.2007.关于我院创新三期人力资源管理的若干思考.中国科学院院刊,22(5)

知识创新工程试点期间中国科学院人事管理制度改革

实行岗位聘任制度。1999年,中国科学院全面推行了全员聘用合同制。在各研究所进入试点序列的过程中,全面实施了"按需设岗,按岗聘任,择优上岗,动态更新"的岗位聘任制度。各研究所在凝练创新目标、调整学科结构的基础上,按1998年在编人数的三分之一按需设置创新岗位,其中对外招聘岗位不低于20%。2001年,停止了传统的职称评定工作,实行评聘合一。

建立项目聘用制度。2001年,中国科学院出台了《中国科学院知识创新工程试点全面推进阶段项目聘用制试行办法》,推出了有期限合同聘用的项目聘用制度,明确项目聘用是"为完成专项科研任务或管理工作而设置的阶段性工作岗位",项目聘用人员不占事业编制,人事关系、社会保险等委托中介服务机构管理,聘用费用从项目经费中列支。对博士后试行项目聘用管理,缓解了事业编制限制与科技创新快速发展的创新人力资源矛盾。

实行新型分配制度。1999年,中国科学院出台了体现绩效优先兼顾公平的三元工资制,明确试点单位人员的工资由基本工资、岗位津贴、绩效津贴三部分构成。2000年,中国科学院进行了研究所法定代表人年薪制试点,规定法定代表人的年薪收入由基本收入和业绩收入两部分组成,基本收入主要由其领导岗位和其所负责任确定,业绩收入主要由其完成工作目标和取得的业绩情况确定。

积极推进转岗分流。2001年,针对按1998年底在编人数三分之一设岗产生的大批在编不在岗人员和推进后勤社会化的迫切需要,中国科学院在《中国科学院知识创新工程试点单位全面推进阶段科技创新队伍建设和发展教育行动计划纲要》中,明确规定"对未进入创新试行序列的人员应逐年缩减,5年内缩减70%,10年内完成分流安置",同时规定"岗位聘任人员中,每两年的淘汰率应不低于10%"。

资料来源:中国科学院规划战略局.2007.关于我院创新三期人力资源管理的若干思考.中国科学院院刊,22(5)

第三节 坚持立足国情，走政府主导与市场基础配置有机结合的道路

在社会主义市场经济条件下，科技资源配置表现出两个显著特点：一是科技投入呈多元化趋势；二是市场的基础作用和竞争择优原则愈益体现。决不能简单沿袭计划经济时期形成的一切由计划安排的思路，科研按计划进行，资金按计划配置，成果按计划管理，人员按计划调配。切实克服或纠正当前我国实际存在的用计划经济的办法来落实国家科技规划的倾向，积极探索在社会主义市场经济条件下有效发挥国家科技规划的宏观指导功能和落实重要领域科技发展路线图的新思路、新办法。

在科技与经济社会关系中，客观上存在一条科技创新的社会价值链。从知识创新到形成社会财富，一般经历自由探索、定向基础研究、应用基础研究、高新技术研发、产品研发、生产工艺创制、市场营销和资本运营等诸多环节，各环节之间通过交换实现价值。从自由探索到资本运营，政府主导作用逐渐减弱，市场基础作用逐渐加强。要改革资源配置方式，将政府主导作用和市场基础作用有机结合起来。

政府要加大科技投入。从发达国家科技投入结构变化看，多数经历了由政府投入为主向企业投入为主转变的过程，转折点一般出现在工业化第二阶段的后期，以及研发投入占GDP的比例达到2%之后。当前我国大体处于工业化第一阶段后期，研发投入占GDP的比例仅为1.49%左右，现阶段乃至今后较长一个时期，政府研发投入仍应发挥主导作用。但从1990年以来，我国政府科技投入比重逐年下降，目前只占全社会研发投入的约三分之一。因此，政府应进一步加大科技投入，并逐步将比例提高到占全社会研发投入的40%~50%。

中央政府科技投入的重点应集中在事关国家全局的战略科技领域、事关民生的公益性科技领域和基础前沿科技领域，为建设八大经济社会基础和战略体系提供强有力的科技支撑。通过

直接拨款,稳定支持高水平、有信誉的国家科研机构和大学,适时调整、不断优化科技的领域布局和区域布局,建设国家公共科技平台,培育科技发展的后劲和基础,培养创新创业人才。通过国家科技立项,集中优势力量,解决影响我国现代化进程的战略性科技问题,解决提高我国企业国际竞争力的关键核心技术,解决全民普惠的民生科技问题,促进产学研结合,解决产业共性技术,引导企业自觉成为技术创新的主体,体现国家需求牵引,支撑经济社会发展。

地方政府科技投入的重点应集中在培植其核心产业竞争力和区域科技竞争力,富集各类创新要素,着力构建区域创新高地。从我国区域发展战略出发,东部沿海发达地区应重点部署与产业结构升级和知识经济发展相关的高技术和重要基础研究,与经济社会快速发展相关的资源环境和人口健康研究。东北和中部地区应重点部署与传统产业改造升级和现代农业发展相关研究,加强部署与知识经济发展相关的高技术和重要基础研究。西部地区应重点部署与生态环境保护和自然资源合理开发利用相关研究。

切实发挥市场在资源配置中的基础作用。加快建设创新友好型市场,完善激励创新创业的法律法规和金融政策环境,以及鼓励创新的政府采购政策。建立科学合理的创新资源配置机制,使创新资源向创新绩效好、创新能力强、管理水平较高的单元富集,使创新劳动在市场中得到充分价值回报。培育并不断发展宏大的接受创新性产品和服务的消费者群体,使创新成果有效惠及全民。

第四节　坚持深化改革,走国家创新体系各单元分工合作、协同发展的道路

当前制约我国科技生产力发展的诸多问题根源于科技宏

观管理体制,必须对现行科技体制进行更大力度的改革,按照建设创新型国家和"自主创新、重点跨越、支撑发展、引领未来"科技发展方针的总要求,加快建设以企业为主体、市场为导向、产学研相结合的技术创新体系,科学研究与高等教育有机结合的知识创新体系,军民结合、寓军于民的国防科技创新体系,各具特色和优势的区域创新体系,社会化、网络化的科技中介服务体系,形成定位准确、分工明晰、竞争合作、运行高效的国家创新体系。当前的重点是以能力建设为主线,围绕八大经济社会基础和战略体系建设,着力加强技术创新体系和知识创新体系建设。

切实加强企业在技术创新体系中的主体作用。企业作为技术创新投入和行为主体的地位虽已确定,但真正承担起技术创新主体的重任仍需要一个较长的发展过程,表现在:重引进轻消化吸收再创新,关键技术自给率低,以技术创新为核心竞争力的企业还比较少;风险投资、中介服务尚不能满足创新创业的需要;大学及科研院所创办的高新技术企业,亟待在市场经济环境中实现社会化和规模化发展;促进企业自主创新的财税金融政策,未能将政策基点建立在创造激励创新的市场环境上,知识产权保护相关法规不完善,增加了创新风险和回报的不确定性,支持自主创新的政府采购、技术进口管理、金融服务等有待加强。

应制定国家技术创新法和商业秘密法,健全知识产权保护和鼓励知识产权转移转化的制度,营造公平、合理、有序的市场竞争环境。适时调整相关战略,加强国家科技政策与产业政策的结合,完善创新政策体系。组合使用多种政策工具支持企业自主创新,优化企业创新资源配置,拓宽投融资渠道,完善税收体系,加强政府采购,促进共性技术的转移和扩散,扶植新产品开发和市场拓展,培育企业持续创新能力。切实加强产学研合作,大学、科研机构应组织力量,持续开展具有产业化前景的应用技术开发与系统集成和企业孵化,自觉与社会生产要素、与企业紧密结合,走社会化技术转移之路。支持大学、科研机构和企业共建技术中心。培育服务专业化、功能社会化、组织网络化、运行规范化的科技中介服务机构,提高科技成果转移转化效率,促进创新要素的有效流动与结合。

加快构建科学研究与高等教育有机结合的知识创新体系。在建设中国特色国家创新体系中,国家科研机构发挥着骨干和引领作用,大学发挥着基础和生力军作用,是知识创新的主要源头和基础平台。两者都具有科技创新与人才培养的双重功能,但国家科研机构的首要与中心任务是科技创新,而大学的首要与中心任务则是培养人才。

要引导和支持国家科研机构,从国家战略需求出发,着力开展定向基础研究、战略高技术创新与系统集成以及事关经济社会全面、协调、可持续发展的重大公益性创新,组织承担和实施国家战略性科技任务,紧密结合科技创新实践培养高层次创新创业人才。要引导和支持大学在做好教育这一中心工作的同时,开展自由的科学前沿探索和广泛的社会服务,促进以学科深入为主的科技创新,不断增强我国科技发展的学科基础。

要着力构建大学与科研机构功能互补、联合互动、相互促进、共同发展的关系,引导和支持双方在科技创新和人才培养两个方向加强合作。将科研机构的研究生教育纳入国民教育体系,将大学科研纳入国家科技布局整体安排,切实加强大学与科研机构在新兴交叉前沿领域的合作,加强高层次人才的互动,加强国家重要科教基础设施的开放共享。

国立研究机构的使命

综合分析科技发达国家国立研究机构的使命,其共同特点是:紧密围绕国家目标,开展基础性、战略性、前瞻性或综合性的研究工作;重视前瞻战略研究,在本国科技创新中发挥引领作用;重视提升本国竞争力的战略科技领域,根据发展需要,适时调整科技布局;重视加强科技创新与市场的联系,为国家经济社会发展提供知识、技术和人才;重视解决人类生存发展共同面临的重大科技问题,为人类文明进步和永续发展提供知识基础。

中国科学院的战略定位

中国科学院是国家战略科技力量,致力解决关系国家全局和长远发展的基础性、战略性、前瞻性、系统性的重大科技问题,致力培养适应国家发展要求的高水平科技创新与创业人才,致力促进科技成果转移转化与规模产业化,致力发挥国家科学思想库作用,致力提升中国科学技术国际竞争力,引领我国自主创新和科技进步,支撑我国科学发展与和谐发展。

从科技创新活动的定位看,主要从事基础研究、可持续发展相关系统研究、战略高技术研究。这三类研究既有不同特点和价值取向,又有十分密切的相互关联,相互衔接、相互支撑、相互促进,从而形成在国家创新体系中的优势和特色。着力加强与前瞻部署大学很难做、企业还不可能做的研发工作。

——在基础研究方面,主要是国家发展目标和重大科学目标驱动的定向基础研究,聚焦于能够带动技术变革、促进与引领产业发展的重大科学问题,聚焦于前沿交叉综合性的新兴学科方向,构建以大科学装置为依托、开放共享的国家科技创新平台。

——在可持续发展相关系统研究方面,主要是系统认知生命活动规律,发展生物工程与技术,为提高我国人民健康水平和发展生物产业提供知识、方法和手段;系统认知我国资源、生态、环境规律及其与经济社会发展之间的关系,为解决制约我国社会可持续发展的重大问题提供基础、先导、系统的科学认知、数据积累和解决方案。

——在战略高技术研究方面,集中在事关我国国际竞争力和国家安全的重大高技术问题,主要是重大系统集成创新或系统解决方案、关键核心技术突破、对我国未来发展具有先导和战略意义的高技术前沿探索。

从社会功能的定位看,应是我国最新科学思想、科学理念的重要创导者、践行者和传播者,高新技术产业的重要孕育者和促进者,科教结合培养高级人才的重要开拓者和创新者,科技界改革开放的重要先行者和带动者。

——在人才培养方面,充分发挥紧密结合科技创新活动培养科技人才的特色与优势,重点培养德才兼备的科技领军人才、尖子人才和具有高科技素质的各类创新创业人才,充分发掘国家科研机构的人才培养潜力,成为我国规模最大的自然科学和高技术创新人才培养的一流基地。

——在促进高技术产业发展方面,发挥技术转移转化和辐射的源头作用,与地方、企业建立紧密联系与合作,进行技术培育与高技术企业孵化,构建畅通和拓展科技创新价值链的转移转化平台,不断实现科技成果转移转化与规模产业化,为我国产业结构调整升级、高技术产业发展提供有力支撑。

——在国家科学思想库方面,高举科学旗帜,弘扬科学精神,中国科学院学部作为全国最高水平科学家网络群体,与院部和院外战略研究体系有机互动,把握世界科技发展趋势,认知国家重大战略需求,提出独立前瞻的科学咨询、战略建议和预测预见,传播最新的科学知识、科学理念和科学方法。

——在国际交流与合作方面,有效吸纳共享全球创新资源,发展与国外研究机构、大学和企业之间的交流与合作,发展双边和多边创新战略合作,成为中国科技界在国际上的重要代表,提升我国在国际科技界的影响力。

第五节 坚持统筹协调,走以管理创新促进科技创新的道路

科技创新作为人类最具创造性特征的社会活动,其管理既要遵循自身发展的规律,也要遵循经济社会和自然界发展演化的规律。我国长期以来一直把科技作为社会事业范畴,在很大程度上违背了科学技术是第一生产力的规律,在实践中也束缚了科技创新活力的发挥。进入21世纪,科学技术飞速发展,科技创新更加复杂多样,科技创新模式不断发生新的变革,这就要求我们不断创新管理。科技管理涉及战略谋划、政策制定、组织实施、资源配置、咨询评估等重要环节,这些环节之间相对独立、相互促进而又相互制约,必须统筹协调,整体推进。当前的重点是创新科技的宏观管理。

建立科学高效的科技宏观管理系统。我国科技宏观管理中存在的突出问题是:战略谋划和政策制定未能得到应有重视和切实加强,各科技管理部门分工不清,各类科技计划定位趋同、

过度重叠,科技计划名目繁多,有限科技资源分散重复配置,科技项目单项投入强度大多不足,组织实施部门和单位缺少必要的创新自主权,咨询评估流于形式。

进一步明晰和调整各环节功能主体的职能定位。政府科技主管部门应将工作重点集中到制定战略规划、优化政策供给、建设制度环境上,成为战略谋划和政策制定两个环节的执行主体,最大程度减少具体科技项目和事务管理。国家科研机构、研究型大学、部门与行业研究机构和企业应成为组织实施环节的执行主体。国家财政和人事管理部门应成为资源宏观配置环节的执行主体。加快建立和完善相对独立的科学技术咨询评估系统,发挥好中国科学院、中国工程院、中国社会科学院和中国科学技术协会等重要学术团体的作用,对涉及重大科技问题的国家宏观决策提供咨询。加快建立重大科技计划和专项的国家评估制度。

统筹协调不同性质科技创新工作的全局,加快建立分类管理的制度体系。对基础研究、战略高技术研究、社会公益性研究、技术开发与应用等要采取不同的规划管理、资源配置、人力资源管理、绩效评价模式和政策导向,改变现行科技管理制度与政策普遍划一的做法。对事关国家全局的战略性科技问题,采取组织实施国家重大科技专项计划和依托国家科研机构进行战略布局两条腿走路的方式。对提高企业自主创新能力和技术创新及转移转化工作,需要更好地发挥市场机制的调节作用,发挥企业的主体作用。对基础研究和前沿探索,需要通过营造良好创新环境,加大稳定支持力度,由大学和科研机构自主进行。要从整体上发挥好各方面的作用,促进政产学研用结合,形成合力。

加强绩效管理。以规划目标为依据,定期评估完成情况,组合使用行政管理、资源配置和政策引导等手段,优化人财物资源组合高效配置,提高科研活动的效率和效益。开展对机构、人员和科技创新活动的绩效评估,实现从以论文、奖励数量质量评价为主向以创新实际贡献、创新发展态势、创新质量水平为主评价的转变,实现从比较关注同行评价为根据向更加注重实践和历史检验与评价的转变,形成体现和谐理念、激励竞争合作与创新发展、多信号反馈的科技评估模式。在由国家组织实施的综合性重大科技创新计划中,也应遵循综合性重大科技创新规律,切实克服当前较为普遍存在的"重大项目有分工欠合作,争取项目时一哄而上,分完钱后一哄而散,项目结束时'拼盘交账'"等问题,切实克服计划经济时期遗留的部门分割、行业分割等问题,保证国家目标的有效实现。

加强现代科研院所制度建设。研究制定科研机构法,按照"职责明确、评价科学、开放有序、管理规范"的原则,以尊重和充分发挥科研院所创新自主权为核心,建立适合现代科技创新活动特点的预算管理和人力资源管理制度,建立导向明确的科学评价制度,建立鼓励创造、注重保护、加强转化、创新管理的知识产权管理制度,建立开放流动、动态优化的合作交流制度。对科研院所实行分类管理,将国家科研机构建设成为向社会开放、动态凝聚最优秀科技专家进行创新活动的国家科研基地。

培育创新文化。营造诚信、宽松、和谐的学术环境,尊重学术自由,提倡学术争鸣,鼓励理性质疑。营造激励创新创业的制度与文化环境,在全社会大力弘扬科教兴国、创新为民的科技价值观,大力提倡敢于创新、敢为人先、敢冒风险的精神,使创新创业者的首创精神受到鼓励、创新思想受到尊重、创新活动受到支持、创新成果得以推广和应用。

科学一经为全民所掌握,就能成为无可比拟的精神力量;技术只有转化为现实生产力,才能成为推动经济社会进步的物质力量。中国科学院作为国家战略科技力量,必须以服务现代化建设为目标,以提升国家竞争力、支持科学发展、可持续发展和社会和谐发展为主线,围绕我国现代化进程中的八大经济社会基础和战略体系建设,聚焦战略性科技问题,开展基础性、战略性、前瞻性、系统性科技创新,为我国实现2050年的宏伟蓝图提供有力的知识基础、技术支撑和发展动力。

发达国家科技评价模式

发达国家科技评价可划分为美国模式和欧洲大陆模式。美国模式更多地将科学技术作为生产力进行管理,科技评价服务服从于竞争发展的要求,其基本特点是以项目评价为基础、以绩效评估为导向。美国政府部门和大型科研团体对其下属研究机构的资源配置主要基于项目竞争,除依托大科学装置的研究机构外,其他研究机构的运行经费主要来自竞争承担项目时获得的科研间接成本补偿,即overhead经费。项目负责人成为研究机构最重要的资源,研究机构必须想方设法凝聚更有竞争力的项目负责人,进而获得更多的研究项目和运行经费。而项目负责人则必须努力竞争获得项目,才能持续开展研究工作,否则只能离开。美国国会和政府则通过实施政府绩效法案(GPRA)和项目评估评级工具(PART),推动大型科研团体开展整体绩效评估,保证其战略规划服务国家目标。

欧洲大陆模式更多基于科学技术的文化特质,受传统科学研究理念影响,科技评价以保证研究质量为主要目的,更注重领域方向和科学家的水平。与美国相比,其科技管理是一种弱竞争模式,研究机构的经费以政府预算为主,并保持相对稳定,研究工作由研究机构自主部署和管理,学术带头人有较大的学术自主权,研究环境相对宽松。评价结果通常不直接与项目部署、人员薪酬、经费配置挂钩,主要体现对研究机构和科学家创新成就的认可,对其提供咨询与建议。近年来,欧洲大陆国家和日本、韩国等都在不同程度学习美国模式,其科技评价也在向重视竞争、重视绩效的方向发展。

资料来源:中国科学院科技评价研究组. 2007. 关于我院科技评价工作的若干思考. 中国科学院院刊, 22(2)

中国科学院关于科学理念的宣言

中国科学院　中国科学院学部主席团

科学及以其为基础的技术,在不断揭示客观世界和人类自身规律的同时,极大地提高了社会生产力,改变了人类的生产和生活方式,同时也发掘了人类的理性力量,带来了认识论和方法论的变革,形成了科学世界观,创造了科学精神、科学道德与科学伦理等丰富的先进文化,不断升华人类的精神境界。

关于科学的讨论一向是科技界乃至社会各界关注的焦点,自20世纪以来,更在世界范围内广泛展开并持续升温。它源于对科学自身及科学与自然和社会系统相互关系的进一步思考,也是飞速发展的科学技术与人类的生存发展和多元文化相互作用的反映。科学技术在为人类创造巨大物质和精神财富的同时,也可能给社会带来负面影响,并挑战人类社会长期形成的社会伦理。人们往往从科学的物质成就上去理解科学,而忽视了科学的文化内涵及社会价值。在科技界也不同程度地存在着科学精神淡漠、行为失范和社会责任感缺失等令人遗憾的现象。

营造和谐的学术生态,需要制度规范,更需要端正科学理念。为引导广大科技人员树立正确的科学价值观,弘扬科学精神,恪守科学伦理和道德准则,履行社会责任,作为我国自然科学最高学术机构、国家科学技术方面最高咨询机构、自然科学和高技术综合研究发展中心,我院特向全社会宣示关于科学的理念。

一、科学的价值

科学是人类的共同财富,科学服务于人类福祉。科学共同体把追求真理、造福人类作为共同的价值追求,致力于促进人的自由发展和人与自然的和谐,体现了科学的人文关怀和社会关怀。这不仅为科学赢得了社会声誉,而且也促进了科学自身的进步。在科学研究职业化、社会化的今天,更应该严格恪守与忠实奉行这种科学的价值观。

20世纪以来,科学研究与国家目标紧密联系,已经成为保证国家根本利益、提升国际竞争力的战略要求。在经济全球化和知识经济时代,科学是一个国家发展的重要知识基础,是综合国力的重要组成部分,是引领经济社会未来发展的主导力量。从科学救国到科教兴国,依靠科学和民主实现中华民族的伟大复兴,是百余年来中国志士仁人的不懈追求。在我们这个正在和平发展中的国家,以创新为民为宗旨,以科教兴国为己任,是中国科技界共同的责任和使命,也是我院全体同仁科技价值观的重要核心与共识。

二、科学的精神

科学是物质与精神的统一,科学因其精神而更加强大。科学精神是人类文明中最宝贵的部分之一,源于人类的求知、求真精神和理性、实证的传统,并随着科学实践不断发展,内涵也更加丰富。历史上,科学精神曾经引导人类摆脱愚昧、迷信和教条。在科学的物质成就充分彰显的今天,科学精神更具有广泛的社会文化价值,并已经成为全社会的共同精神财富,照耀着人类前行的道路,因此,倡导和弘扬科学精神更显重要。

科学精神是对真理的追求。不懈追求真理和捍卫真理是科学的本质。科学精神体现为继承与怀疑批判的态度,科学尊重已有认识,同时崇尚理性质疑,要求随时准备否定那些看似天经地义实则囿于认识局限的断言,接受那些看似离经叛道实则蕴含科学内涵的观点,不承认有任何亘古不变的教条,认为科学有永无止境的前沿。

科学精神是对创新的尊重。创新是科学的灵魂。科学尊重首创和优先权,鼓励发现和创造新的知识,鼓励知识的创造性应用。创新需要学术自由,需要宽容失败,需要坚持在真理面前人人平等,需要有创新的勇气和自信心。

科学精神体现为严谨缜密的方法。每一个论断都必须经过严密的逻辑论证和客观验证才能被科学共同体最终承认。任何人的研究工作都应无一例外地接受严密的审查,直至对它所有的异议和抗辩得以澄清,并继续经受检验。

科学精神体现为一种普遍性原则。科学作为一个知识体系具有普遍性。科学的大门应对任何人开放,而不分种族、性别、国籍和信仰。科学研究遵循普遍适用的检验标准,要求对任何人所做出的研究、陈述、见解进行实证和逻辑的衡量。

三、科学的道德准则

科学研究是创造性的人类活动,只有建立在严格道德标准之上,在一个和谐的环境中才能健康发展。在长期的科学实践中,科学所拥有的博大精深的文化和制度传统,形成了科学的自我净化机制和道德准则。当前,通过科学不端行为获取声望、职位和资源等方面的问题日趋严重,加强科学道德规范建设,保证科学的学术信誉,维护科学的社会声誉,已成为当前我国科技界的重要任务。

科学道德准则包括:

诚实守信。诚实守信是保障知识可靠性的前提条件和基础,从事科学职业的人不能容忍任何不诚实的行为。科技工作者在项目设计、数据资料采集分析、科研成果公布以及在求职、评审等方面,必须实事求是;对研究成果中的错误和失误,应及时以适当的方式予以公开和承认;在评议评价他人贡献时,必须坚持客观标准,避免主观随意。

信任与质疑。信任与质疑源于科学的积累性和进步性。信任原则以他人用恰当手段谋求真实知识为假定,把科学研究中的错误归之于寻找真理过程的困难和曲折。质疑原则要求科学家始终保持对科研中可能出现错误的警惕,不排除科学不端行为的可能性。

相互尊重。相互尊重是科学共同体和谐发展的基础。相互尊重强调尊重他人的著作权,通过引证承认和尊重他人的研究成果和优先权;尊重他人对自己科研假说的证实和辩驳,对他人的质疑采取开诚布公和不偏不倚的态度;要求合作者之间承担彼此尊重的义务,尊重合作者的能力、贡献和价值取向。

公开性。公开性一直为科学共同体所强调与践行。传统上公开性强调只有公开了的发现在科学上才被承认和具有效力。在强调知识产权保护的今天,科学界强调维护公开性,旨在推动和促进全人类共享公共知识产品。

四、科学的社会责任

当代科学技术渗透并影响人类社会生活的方方面面。当人们对科学寄予更大期望时,也就意味着科学家承担着更大的社会责任。

鉴于当代科学技术的试验场所和应用对象牵涉到整个自然与社会系统,新发现和新技术的社会化结果又往往存在着不确定性,而且可能正在把人类和自然带入一个不可逆的发展过程,直接影响人类自身以及社会和生态伦理,要求科学工作者必须更加自觉地遵守人类社会和生态的基本伦理,珍惜与尊重自然和生命,尊重人的价值和尊严,同时为构建和发展适应时代特征的科学伦理作出贡献。

鉴于现代科学技术存在正负两方面的影响,并且具有高度专业化和职业化的特点,要求科学工作者更加自觉地规避科学技术的负面影响,承担起对科学技术后果评估的责任,包括:对自己工作的一切可能后果进行检验和评估;一旦发现弊端或危险,应改变甚至中断自己的工作;如果不能独自做出抉择,应暂缓或中止相关研究,及时向社会报警。

鉴于现代科学的发展引领着经济社会发展的未来,要求科学工作者必须具有强烈的历史使命感和社会责任感,珍惜自己的职业荣誉,避免把科学知识凌驾其他知识之上,避免科学知识的不恰当运用,避免科技资源的浪费和滥用。要求科学工作者应当从社会、伦理和法律的层面规范科学行为,并努力为公众全面、正确地理解科学作出贡献。

在变革、创新与发展的时代,在中华民族实现伟大复兴的历史进程中,必须充分发挥科学的力量。这种力量,既来自科学和技术作为第一生产力的物质力量,也来自科学理念作为先进文化的精神力量。我院全体员工,愿意并倡议科技界广大同仁共同践行正确的科学理念,承担起科学的社会责任,为建设创新型国家、构建社会主义和谐社会作出无愧于历史的贡献。

中国科学院科研行为规范的基本准则

2007年2月26日中国科学院正式向社会发布《中国科学院关于加强科研行为规范建设的意见》,明确了中国科学院科研行为规范的六条基本准则,并明确了科学不端行为的内涵、认定标准和处理程序。这六条基本准则是:

一、遵守中华人民共和国公民道德准则;二、遵守诚实原则,研究人员在数据资料采集分析、公布科研成果等方面必须实事求是,有责任保证所搜集和发表数据的有效性和准确性;三、遵守公开原则,在保守国家秘密和保护知识产权的前提下,公开科研过程和结果相关信息;四、遵守公正原则,研究人员应坦诚直率,科学公正,对竞争者和合作者作出的贡献给予恰当认同和评价,对研究成果中的错误和失误,应以适当的方式予以承认,不得以各种不道德和非法手段阻碍竞争对手的科研工作;五、尊重知识产权规定,研究成果发表时,作出创造性贡献且能对有关部分负责的人员享有署名权,未经上述人员书面同意,不得将其排除在作者名单之外。对参与一般数据搜集的研究助手、对研究团组进行过支持与帮助的人员和提供设施的单位,可在出版物中表示感谢;六、遵守声明与回避原则规定,在研究、调查、出版、向媒体发布、提供材料与设施、资助申请、聘用和提职等活动中可能发生利益冲突时,所有有关人员有义务声明与其有直接、间接和潜在利益关系的组织和个人,包括在这些利益冲突中可能对其他人利益造成的影响,必要时应当回避。

《创新2050：科学技术与中国的未来》中国科学院战略研究系列报告

总 报 告

科技革命与中国的现代化	中国科学院

分领域报告

中国至2050年能源科技发展路线图	中国科学院能源领域战略研究组
中国至2050年矿产资源科技发展路线图	中国科学院矿产资源领域战略研究组
中国至2050年油气资源科技发展路线图	中国科学院油气资源领域战略研究组
中国至2050年水资源领域科技发展路线图	中国科学院水资源领域战略研究组
中国至2050年先进材料科技发展路线图	中国科学院先进材料领域战略研究组
中国至2050年先进制造科技发展路线图	中国科学院先进制造领域战略研究组
中国至2050年信息科技发展路线图	中国科学院信息领域战略研究组
中国至2050年农业科技发展路线图	中国科学院农业领域战略研究组
中国至2050年人口健康科技发展路线图	中国科学院人口健康领域战略研究组
中国至2050年生态与环境科技发展路线图	中国科学院生态与环境领域战略研究组
中国至2050年空间科技发展路线图	中国科学院空间领域战略研究组
中国至2050年海洋科技发展路线图	中国科学院海洋领域战略研究组
中国至2050年生物质资源科技发展路线图	中国科学院生物质资源领域战略研究组
中国至2050年重大科技基础设施发展路线图	中国科学院大科学装置领域战略研究组
中国至2050年区域科技发展路线图	中国科学院区域发展领域战略研究组
中国至2050年重大交叉前沿科技发展路线图	中国科学院重大交叉前沿领域战略研究组